JN026583

医療従事者のための 基礎物理学

髙 塚 　 伸太朗
西 村 　 生 哉 共著
井 上 　 雄 介

コロナ社

「医療従事者のための基礎物理学」 正誤表

頁	行・図・式	誤	正
2	1行目	図1.11上部のように	図1.11(a)のように
5	章末問題【2.3】	衝突後の速度v	衝突後の速さv
4	図3.12 図3.13	応力s ひずみe	応力σ ひずみε
7	下から1行目	小さい力であれば	小さい応力であれば
8	図3.17	$17 \times 10_7$	17×10^7
9	式(3.9)	$= \dfrac{F \sin \theta}{\dfrac{S}{\cos \theta \theta}} =$	$= \dfrac{F \sin \theta}{\dfrac{S}{\cos \theta}} =$
9	図4.7 上から2,4番目	静止した観測者からに音源が遠ざかるとき	静止した観測者から音源が遠ざかるとき
9	図4.7 上から4番目	$f' = \dfrac{c + v_0}{c} f$	$f' = \dfrac{c - v_0}{c} f$
9	図5.6	反射波を送信	反射波を受信
11	式(7.7)	$= \ln \dfrac{I_0}{I - \Delta I}$	$= \ln \dfrac{I}{I - \Delta I}$
34	図9.8	（図右上）　電圧が高い （図右下）　電圧が高い	電位が高い 電位が低い
70	コラム 下から4行目	超音波ドップラーを利用した	超音波ドップラーや超音波伝搬時間差（トランジットタイム）を利用した
19	章末問題解答【2.2】4行目	$mgh \times 1 \times 9.8 \times h = 9.8h$ J。	$mgh = 1 \times 9.8 \times h = 9.8h$〔J〕。
26	章末問題解答【11.4】	③	②

①

新の正誤表がコロナ社ホームページにある場合がございます。
記URLにアクセスして[キーワード検索]に書名を入力して下さい。
tps://www.coronasha.co.jp

ま　え　が　き

　物理学は，私たちの世界の仕組みと法則を理解するための学問です。自然現象，物体の運動，エネルギー，光，電気，音などの出来事が，私たちの世界においてどのような法則に基づいているのかを理解するためのものです。

　一般的な物理学の教科書では，力学，エネルギー，波，電気などの物理現象ごとに章立てされています。しかし，その中に物理現象を説明する式の意味や，それらが現実社会でどのように活用されるかについて詳しく触れる教科書はほとんどありません。しかし，本書では，医療従事者の方々が日常的に使用する医療機器の名前を目次に掲載し，例えばパルスオキシメーターや電気メス，X線撮像装置などの具体的な医療機器に焦点を当てています。

　医療従事者としての実務経験を積む際，これらの医療機器がどのような物理現象に基づいて機能しているかを理解することはきわめて重要です。本書は，筆者自身が学生時代に，なぜこれらの知識が将来の実務で役立つのかに疑問を抱いた経験から生まれました。そのため，本書はこれらの疑問に答えつつ，物理学の実用的な応用例を提供し，その原理を説明する形式で読者に物理学を学んでいただくことを目指しています。

　医療従事者として，患者の診断，治療，ケアに責任を負う皆さんにとって，物理学の理解は不可欠です。物理学の知識を活用することで，正確な診断を行い，患者の病状を理解し，治療法を選択する際の判断材料となります。また，医療機器の正確な操作やトラブルシューティング，安全な環境での作業が可能になります。物理学は単なる学問ではなく，医療の現場で実践的に活用される知識です。本書を通じて，物理学の基本原理とその医療分野への応用方法を学ぶことは，未来のあなたが患者の健康と安全を保護するための大きな一歩となるでしょう。

　本書は，高校で物理学を学んでいない学生でも理解できるように記述していますが，物理学を学ぶためには数学的アプローチや物理学的な概念の理解が必要です。本書では，数学的概念や物理学の原理をやさしく説明し，章末問題を通じて物理現象の理解を深める機会を提供します。高校までの学習は問題を解くこと自体に重点を置いて学習していたかもしれませんが，本書では問題解決を通じて物理現象を理解する能力を養っていただくことを目指しています。医療現場での安全性と実務スキルを向上させるために，読者が実践的なスキルを磨くのに役立つ情報を提供しています。

　最後に，本書の執筆に貢献していただいた多くの方々に感謝申し上げます。また，本書が医療従事者としての素晴らしいキャリアを築くための助けになることを願っています。

2024 年 2 月

髙塚伸太朗・西村生哉・井上雄介

目　　　次

0.　物理学を簡単にするために

1.　遠心分離機　～力とは何か～

2.　エアバッグ　～運動量とエネルギー～

3.　骨　　　　　折

4.　ドップラー血流計　～波とその物理量～

5.　超音波診断装置　～音の反射とエネルギー～

6.　ファイバースコープ　～光の反射と屈折～

7.　パルスオキシメータ　～光の色と吸収～

8. 非接触体温計

9. 電 気 メ ス

10. ペースメーカー

11.　感　　　　　電

12.　フィルタ回路

13.　電 子 レ ン ジ

14.　放　　射　　線

15.　MRI

0

物理学を簡単にするために

　物理学をとっつきにくいと感じる人は多い。それは身近ではないいくつかの概念が登場するからである。微積分やベクトル，次元などである。ただこれらのことは物理学を難しくするものではなく，逆に簡単に表現するためのものだということを知る必要がある。

0.1　物理量の次元と単位

　物理学ではいろいろな物理量が登場する。この物理量を理解することが物理学を理解する近道である。例えば，長さや質量は単なる数値ではなく，何らかの基準が定義されその基準がいくつ分存在するかを表した量である。したがって何らかの基準が変われば同じものを表す物理量でも表現方法が変わる。例えば**図 0.1**（a）のように 1 メートルは約 3.3 フィートである。1 メートルも 3.3 フィートもどちらも同じ量の「長さ」であるがその基準が異なるために数値が変わる。この「長さ」などの物理量の種類を表したものを次元といい，「メートル」や「フィート」などの基準を表したものを単位という。

　また図（b）のように，コップ 1 杯でも「体積」という次元といえる。「コップ〇杯」が単位ということである。もちろんコップ何杯という物理量は物理学の中では登場しないが，それは単位の精度の問題で精密な計算では扱われないのであって，これも物理量であることには変わりはない。単位には歴史的な経緯などがあるため，身近な物理量にはいろいろな単位が存在する。「年」「時間」「分」や「秒」は時間という次元の単位であり，「キログラム」「貫」や

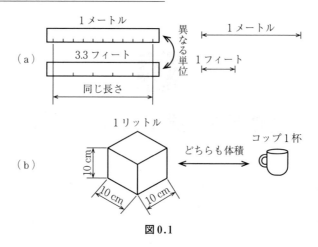

図 0.1

「ポンド」は質量という次元の単位である。

　物理量の計算は単に数値を計算すればよいわけではなく，次元や単位をきちんと考えることが重要になる。以下に物理量を扱う上でのいくつか基本的なルールを示す。

① 　**図 0.2** のように足し算・引き算は式を立てる段階で同じ次元でなければならない。その上で数値を足し算・引き算で一つにまとめるためには同じ単位同士でなければならない。まとめた項は元の単位を維持する。

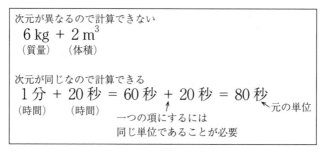

図 0.2

② 　**図 0.3** のように掛け算・割り算は別の次元でも式を立てることができるが，その計算結果の次元は元の次元によって決まり，計算結果の単位は計算前の単位を掛け算・割り算したものになる。

$$6\,\mathrm{kg} \div 2\,\mathrm{m}^3 = 3\,\mathrm{kg/m}^3$$
（質量）　（体積）　　　（密度）

$$6\,\mathrm{m} \div 3\,秒 = 2\,\mathrm{m/s}$$
（長さ）　（時間）　　（速さ）

$$6\,\mathrm{km} \div 2\,時間 = 3\,\mathrm{km/h}$$
（長さ）　　（時間）　　（速さ）

図 0.3

③　単位換算する場合はまず換算前と換算後の単位の等式を考えて計算する。**図 0.4** のように 2 バレル + 100 リットルを計算する場合，1 バレル = 159 リットルというような等式をまず用意する。

$$1\,バレル = 159\,リットル \rightarrow 1 = \frac{159\,リットル}{バレル}$$

2 バレル + 100 リットル

1 を掛けても式は変わらない

$$= 2\,\cancel{バレル} \times \frac{159\,リットル}{\cancel{バレル}} + 100\,リットル$$

$$= 318\,リットル + 100\,リットル = 418\,リットル$$

図 0.4

④　物理学の式は基本的に次元を表している。例えば，一定の速さ v で t の間進んだときの距離 x は，v

$$x = vt \tag{0.1}$$

と表すことができるが，この t は時間であり，「秒」でなければ式が成立しないというわけではない。仮に t が秒で x をメートルで計算すれば，v は m/s となり，時間とキロメートルなら km/h（時速キロメートル）に変わるだけである。

これらの理解は非常に重要である。式の意味は単に計算させるものではな

く，何を計算しているのという物理意味を示しているからだ。例えば「長さ」
の次元の量を「時間」の次元の量で割り算したのならば，答えは必ず「速さ」
の次元の量になる。「長さ」÷「時間」の式が出てきたら，あとはそれが「何
の」速さなのかを考えればよいだけなのである。

0.2　物理量の精度

　物理量は実際の値を扱うものなのでピッタリその値ということは存在しな
い。（例外として 3 回繰り返した。などはピッタリ 3 といえる。）例えば，体重
計で 50.0 kg と表示されたからといって，小数点何桁までも 0 が続く，ちょう
ど 50 kg であるとはいえない。基準となる質量の定義がそれほど高い精度で決
められているわけでもなく，体重計もそれほど高精度に測定できるわけではな
い。それゆえ数学のように数値がピッタリであることはそれほど重要ではない。
　図 0.5 のようにはかりの計測によってある物体が 1.0 kg であったとする。
この 1.0 kg の物体を三等分した 1 個当たりの重さは数学では 1/3 kg と表すが，
物理ではそのようには表さない。この計測でわかることは物体の重さ（もちろ
ん計測器によって誤差はあるが）は 0.95 kg 〜 1.05 kg の間にあるということ

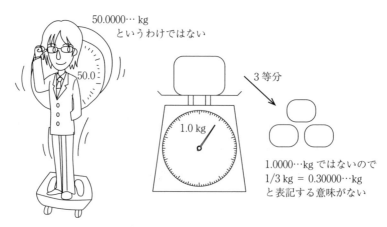

図 0.5

であるので，この 1.0 kg の物体を三等分した 1 個当たりの重さは 0.32 kg くら
いから 0.35 kg くらいの値となる。なので，0.333 333… kg と表記することは
無意味であるし，もしかしたら超高精度の測定をしたのかという誤解を与えか
ねない。そこで物理では数値計算する場合は有効数字を使って表記するのが普
通である。有効数字は計測の誤差はなるべく簡単に扱うための方法でその計算
方法にはいろいろな手法がある。誤差を考えて目的に合う方法を使用できれば
よい。上の例では 1.0 kg が有効数字二桁なので，三等分した量も有効数字二
桁で表すというのがもっとも簡単な考え方である。つまり 1.0 kg ÷ 3 = 0.33 kg
という具合である。

さて，物理学が進歩していくにつれて，高精度の物理計算が重要になる。物
理量を高精度で扱うためにはその基準の精度が重要となる。つまり単位の定義
を高い精度で行う必要がある。

例えば，1 kg の定義は 1790 年には「10 cm × 10 cm × 10 cm の体積の水の質
量」であった。しかし水といっても何かが混ざっていれば当然質量に違いが生
じる上，**図 0.6** のように温度によっても密度が変化する。そこで 1799 年には
「10 cm × 10 cm × 10 cm の体積の 4 ℃蒸留水の質量」に修正された。

この修正もすぐにうまくいかないことがわかる。気圧，つまり圧力によって

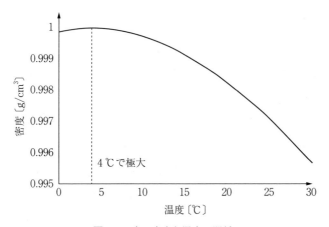

図 0.6 水の密度と温度の関係

水の密度が変化してしまうからである。強い力で圧縮した水は密度が大きくなり，逆は小さくなる。しかし，「ある圧力下での水の質量」と定義することはできない。あとの章で扱うが，圧力の単位は〔kg·m^{-1}·s^{-2}〕であり「ある圧力下」といってしまうと kg という定義しなければならない単位が kg の定義に含まれてしまうからである。ここで水を使った質量の定義は難しいということになり，1 kg を表す物体であるキログラム原器が作成された。これが長い間 1 kg の定義となった。

　この kg の定義では高い精度が出せないので長い間問題であったが，国際度量衡総会によって 2019 年にプランク定数を使った定義に修正された。

　単位は世界で共通のものを使ったほうが便利であるため，国際度量衡総会が SI 単位を定めている。SI 単位には基本単位と組立単位があり，組立単位は基本単位を組み立てて（掛けたり割ったりして）算出できる単位である。

　SI 基本単位は七つあり，定義が定められている物理量は七つしかない（**表 0.1**）。

表 0.1　SI 基本単位

次元	単位	定　義
長さ	m	真空中で 1 秒間の 299 792 458 分の 1 の時間に光が進む行程の長さ
質量	kg	プランク定数を 6.626 070 15×10^{-34} J/s とすることによって定まる質量
時間	s	セシウム 133 の原子の基底状態の二つの超微細準位の間の遷移に対応する放射の周期の 9 192 631 770 倍に等しい時間
電流	A	電気素量を 1.602 176 634×10^{-19} C とすることによって定まる電流
温度	K	ボルツマン定数を 1.380 649×10^{-23} J/K とすることによって定まる電流
物質量	mol	6.022 140 76×10^{23} の要素粒子または要素粒子の集合体で構成された系の物質量
光度	cd	放射強度 683 sr/W で 540×10^{12} Hz の単色光を放射する光源のその放射の方向における光度

　組立単位とは例えば，面積の単位の〔m^2〕（平方メートル）である。縦 2 m，横 3 m の長方形の面積は 2 m×3 m＝6 m^2 となり，これは基本単位（この場合は長さ）を組み合わせてできている。10 秒間に 100 m 進む速さは 100 m/10 s＝10 m/s である。速度の単位〔m/s〕も基本単位（長さと時間）を

組み合わせた組立単位である。

　力の単位は〔kg·m/s²〕という組立単位になる（次章の最初で説明する）。それはそれでいいのだが，力というのは物理現象の基本であるのに，その単位が〔kg·m/s²〕だというのは書くのも読むのも大変なので，〔N〕（ニュートンと読む）という単位が付けられている。1 kg·m/s²＝1 N である。組立単位の多くは，その物理量に貢献した過去の物理学者の名前である。**表0.2**に示したように別名が付いている単位はたくさんある。組立単位を使っても基本単位を組み合わせたものを使っても，どちらでも同じ量を表す単位なので，どちらかが正解というわけではない。つまり 1 N と書くところを 1 kg·m/s² と表記して

表0.2　SI 組立単位

次元	単位の名称	基本単位との関係
平面角	ラジアン	$rad = m/m$
立体角	ステラジアン	$sr = m^2/m^2$
周波数	ヘルツ	$Hz = s^{-1}$
力	ニュートン	$N = kg \cdot m \cdot s^{-2}$
圧力，応力	パスカル	$Pa = kg \cdot m^{-1} \cdot s^{-2}$
エネルギー，仕事，熱量	ジュール	$J = kg \cdot m^2 \cdot s^{-2}$
仕事率	ワット	$W = kg \cdot m^2 \cdot s^{-3}$
電荷	クーロン	$C = A \cdot s$
電位差，電圧	ボルト	$V = kg \cdot m^2 \cdot s^{-3} \cdot A^{-1}$
電気容量	ファラド	$F = kg^{-1} \cdot m^{-2} \cdot s^4 \cdot A^2$
電気抵抗	オーム	$\Omega = kg \cdot m^2 \cdot s^{-3} \cdot A^{-2}$
コンダクタンス	ジーメンス	$S = kg^{-1} \cdot m^{-2} \cdot s^3 \cdot A^2$
磁束	ウェーバ	$Wb = kg \cdot m^2 \cdot s^{-2} \cdot A^{-1}$
磁束密度	テスラ	$T = kg \cdot s^{-2} \cdot A^{-1}$
インダクタンス	ヘンリー	$H = kg \cdot m^2 \cdot s^{-2} \cdot A^{-2}$
セルシウス温度	セルシウス度	$℃ = K$
光束	ルーメン	$lm = cd \cdot sr$
照度	ルクス	$lx = cd \cdot sr \cdot m^{-2}$
放射性核種の放射能	ベクレル	$Bq = s^{-1}$
吸収線量	グレイ	$Gy = m^2 \cdot s^{-2}$
線量当量	シーベルト	$Sv = m^2 \cdot s^{-2}$
酵素活性	カタール	$kat = mol \cdot s^{-1}$

も同じ力である。また9章で登場する電場の強さは〔N/C〕とも〔V/m〕とも
表すことができる。このようにSI単位のみで表現しても物理量によってはい
くつか単位の表現方法が存在する場合もある。

世の中ではSIではない単位も多く使われている。例えばアメリカでは長さ
の単位としてインチ，フィート，マイルなどが使われている。これらはすべて
長さの次元を持ち「長さを表す」という点では同じである。換算は1 inch＝
0.0254 m，1 feet＝0.3048 m，1 mile＝1609.34 mなどとなる。これらは覚えて
いたからといって偉いわけでもなく，必要に応じて調べられればよい。また，
圧力の単位はSIで表せば〔Pa〕（＝kg/(m·s²)）であるが，医療の分野で血圧
を表すときには〔mmHg〕，気象の分野で気圧を表すときには〔atm〕などが用

コラム　質量が保存されるからではありません

箱の中にドローンを入れてはかりに載せる。つぎにドローンを箱の中で飛ば
す。すると重さはどうなるか。という問題がある。答えは変わらないで，ほと
んどの場合は終わらせているが，これはそんなに簡単ではない。

「ドローンを含めた箱の質量はどうなるか？」という問題であれば質量保存
則で変わらない。という答えでよい。だが「重さ」はそうではない。重さと聞
くと〔kg〕を単位とする質量と誤解されがちだが，重さとは〔N〕を単位とす
る力である。はかりに出てくる単位〔kg〕は力の単位を地球の重力下で換算し
たときの質量を表現している。

これは，静止しているときは質量の値となるが，動いている（加速してい
る）ときは質量の値にならない。

はかりの上でジャンプすることを考えてみよう。体が上向きの加速度を得る
ためには地面（はかり）に下向きの力をかける必要がある。ニュートンの第三
法則，作用反作用である。そうすることで体は F＝ma に相当する加速度を得
る。つまりはかりには重力に加えて加速度を得るための力がかかるので，はか
りが計測する「重さ」は増える。体重計の上でジャンプすれば重い値を指し示
すことからもわかるだろう。

ドローンも同じで箱の中で（上下方向に）加速しているなら重さは変わる。
箱の中でドローンが自由落下するときの重さは箱の重さだけになる。

いられている。本当は SI に統一したほうがよいのだが，いまさら血圧を〔Pa〕
などで表すことにしたら医療現場は混乱し，誤診だらけになることが想定され
るので，そのままにしてある。

　さてメートルもインチも長さの次元である。前項で面積の単位は m^2（平方
メートル）と書いたが，インチで $(inch)^2$（平方インチ）と書けば面積の次元
を持つ単位となる。

0.3　SI 接頭語と指数を使った表現

　接頭語とは，単位の前に付けて大きな値，または小さな値を表す言葉であ
る。1 km = 1000 m，1 mm = 1/1000 m などは日常生活でもおなじみだろう。**表**
0.3 に SI 接頭語をまとめたが，ほとんどの接頭語を聞いたことがあるだろう。
いくつか注意を述べておく。

①　10^3 を表すキロの k は小文字である。キログラムは kg であって Kg では
　　ない。

表0.3　SI 接頭語 [1]†

値	記号	読み	値	記号	読み
10^{30}	Q	クエタ	10^{-1}	d	デシ
10^{27}	R	ロナ	10^{-2}	c	センチ
10^{24}	Y	ヨタ	10^{-3}	m	ミリ
10^{21}	Z	ゼタ	10^{-6}	μ	マイクロ
10^{18}	E	エクサ	10^{-9}	n	ナノ
10^{15}	P	ペタ	10^{-12}	p	ピコ
10^{12}	T	テラ	10^{-15}	f	フェムト
10^{9}	G	ギガ	10^{-18}	a	アト
10^{6}	M	メガ	10^{-21}	z	ゼプト
10^{3}	k	キロ	10^{-24}	y	ヨクト
10^{2}	h	ヘクト	10^{-27}	r	ロント
10^{1}	da	デカ	10^{-30}	q	クエクト

---

†　肩付き数字は，巻末の引用・参考文献番号を表す。

② 1 km 四方の正方形の面積は 1 km² であるが，これは 1 km×1 km = 1 000 000 m² のことである。つまり km² = (km)² という解釈である。1 km² = 1000 m² ではない。同様に 10 000 cm² = 1 m² であり，100 000 cm³ = 1 m³ である。

③ 「ミリは 1/1000 を表す。1 m をミリを使って表せ」といわれると，思わず 1 m = 1/1000 mm といってしまう人がいる。もちろん 1 m = 1000 mm である。1000 mm = 1000×1/1000×m = 1 m ということである。

④ ギガは通信料の単位ではない。

接頭語を使った表現は数値を簡単に表すことが目的である。問題などで指定されていない限り，これを使わなければ誤りというわけではない。わかりやすくすることが重要である。同じように指数を使って数値を表現する手法もよく使われる。例えば $1000 = 10^3$ だから 2000，3000 はつぎのように書ける。

$$1000 = 10^3$$
$$2000 = 2 \times 10^3$$
$$3000 = 3 \times 10^3$$
$$4000 = 4 \times 10^3$$

こうなると $1000 = 1 \times 10^3$ と書きたくなる。1 を掛けても値は変わらないので数学的には「1×」は必要ないが，あっても間違いではない。物理や工学系の計算では 1×10^3 のような表現がしばしば用いられる。

これらの表現には前節で触れた有効数字を組み合わせることがある。有効数字の桁数の多さはその値の精度を表しているが，1000 と書いた場合は有効数字が一桁から四桁まで可能性がある。そこで例えば有効数字二桁の場合は 1.0×10^3 のように表現する。このとき，1.0×10^3 は 0.95×10^3 から 1.05×10^3 の間の精度であることを明示している。**図 0.7** のようにその測定方法によって得られた精度を留意した上で，精度や値など，何を強調して表現したいかを考えて表現方法を選択するのが大事である。

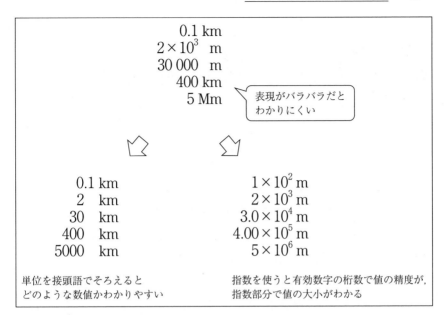

図 0.7

0.4 微 分 積 分

　物理学では微分積分がよく出てくる。それゆえ難しく感じる部分があるが，これは物理現象の表現を簡単にするための手法であると理解すると数式が読みやすくなることだろう。

　例えば，式（0.1）で一定の速さ v で t の間進んだときの距離 x は $x = vt$ で表されたが，この速度が一定でない場合はどうだろうか。時間変化する速度を $v(t)$ と表すと，元の式で x を表現できないことがわかるだろう。$v(t)$ を一定の加速度で変化する関数 $v(t) = at$ とすれば，$x = 1/2\, at^2$ と表すことができる。これはグラフにするとわかりやすい。**図 0.8**（a）は速度が一定の速さ，図（b）は速度が一定の加速度で変化しているときである。

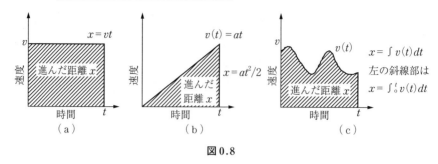

図0.8

　このように $v(t)$ が変わるたびに新たな式で表現しそれを覚えるのは大変であるし，そもそも $v(t)$ がどのような式で表せるかわからない場合もある。速度と距離の関係という簡単なことでも未知な変化というだけで表現できないのは不便である。そこで微分積分が使われる。これを使うことで $v(t)$ がどんな関数であっても関数のまま式にすることができる。例えば図（ c ）のグラフのような速度変化した物体の距離を求めたい場合は積分すればよい。すなわち $x = \int v(t)dt$ と表現できる。このように積分で表現するだけでどんな $v(t)$ であっても距離との関係を記述することができる。積分を使えば図0.8はどれも同じように表現できる。ただし，表現は簡単にはなるが計算が簡単になるわけではない。実際の進んだ距離の数値解を求める場合は，図0.8（a），（b）のように関数がどのように表せるかを考え，定積分して値を求める必要がある。

　値の変化をグラフにしたとき，積分は面積の大きさを意味し，単位は縦軸の単位に横軸の単位を掛けたものとなる。一方，微分はグラフの傾きの大きさを意味し，単位は縦軸の単位に横軸の単位で割ったものとなる。例えば，**図0.9**

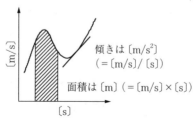

図0.9

のように縦軸が速度〔m/s〕で横軸が時間〔s〕であれば，積分したものは長さ〔m〕であり，微分したものは加速度〔m/s²〕である。積分して何の長さになるか，微分して何の加速度になるかには元の関数を理解してきちんと考える必要がある。

微分を実際の数値とともに理解するためにボールを落とすことを考えてみよう。図 0.10 に示すように，落としてから 1 秒後の落下距離は 4.9 m，2 秒後は 19.6 m，3 秒後には 44.1 m となる。これは実測できる。では 2 秒後の速さは？

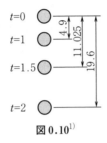

図 0.10[1)]

普通，速さはつぎの式で求められる。

$$速さ = \frac{進んだ距離}{かかった時間} \tag{0.2}$$

2 秒間で 19.6 m 落ちたのだから，速さは 19.6/2 = 9.8 m/s。ここでもう一度図をよく見てみよう。時間が増えるにつれて，落下距離が増加している。物体が落下するときには最初はゆっくりと落ち，徐々に速度を増していくのである。つまり 9.8 m/s というのは 0 〜 2 秒の 2 秒間の平均の速さであって，2 秒後の（瞬間の）速さではない。2 秒後の（瞬間の）速さは 9.8 m/s よりも速いと予想される。

しかし瞬間の速さというのは式 (0.2) では計算できない。「2 秒後の瞬間の速さ」を求めるには「2 秒後の瞬間の距離」と「2 秒後の瞬間の時間」が必要である。「瞬間の距離」とか「瞬間の時間」とかいわれても困ってしまうわけで，仮に両方とも 0 だとすると，0/0 でこれは計算できない。これを何とかするのが微分という計算方法である。微分の考え方そのものはそんなに難しくな

い。以下に順を追って説明しよう。

① いきなり瞬間の速さを求めるのは無理なので，とりあえず1秒後から2秒後までの1秒間について考えてみる。この1秒間に落ちた距離は19.6−4.9＝14.7 m だから平均の速さは14.7 m/s である。

② つぎに1.5秒後から2秒後までの0.5秒間について考えてみる。この0.5秒間に落ちた距離は19.6−11.025＝8.575 m だから平均の速さは8.575/0.5＝17.15 m/s である。

③ つぎに1.9秒後から2秒後までの0.1秒間について考えてみる。図0.10には描いていないが，1.9秒後の落下距離は17.689 m なので，この0.1秒間に落ちた距離は19.6−17.689＝1.911 m だから平均の速さは1.911/0.1＝19.11 m/s である。

④ つぎは1.99秒後から2秒後までの0.01秒間の平均の速さを計算すると19.551 m/s になる。そのつぎは1.999秒後から2秒後までの0.001秒間の平均の速さを計算すると19.5951 m/s になる…というようにどんどん細かくしていくと平均の速さは19.6 m/s に近づいていく。

⑤ こうなったら2秒後の瞬間の速さ＝19.6 m/s としてもいいんじゃないだろうか。うん，そうしよう。

とまあ，以上が微分の考え方である。微分の計算をするたびに上記①〜⑤をやっていたのでは日が暮れる。そこで①〜⑤のエッセンスを取り出したのが数学で習う微分の公式である。

$$f'(x) = \lim_{h \to 0} \frac{f(x+h) - f(x)}{h} \tag{0.3}$$

lim というのは limit（リミット，限界，極限）でその下の $h \to 0$ と合わせて，h を0に近づけて極限をとるという意味である。刻みをどんどん細かくしていくわけで，微分という言葉はそれに由来している。式（0.3）は上の①〜⑤をそのまま式にしたものである。

いまの場合，$f(x)$ は落下距離を表していたが，別に $f(x)$ を落下距離に限定する必要はない。もっと一般的に $f(x) = x^2$ や $f(x) = \sin(x)$ だったらどうなる

か。式（0.3）に代入して計算すれば答が得られるが，いちいちそんなことをしてられないので，その結果である $(x^2)' = 2x$ や $(\sin(x))' = \cos(x)$ を覚えさせられるわけである。

　図 0.11 は落下時間〔s〕と落下距離〔m〕をグラフ（①）にしたものである。落下速度は時間とともにアップしていくので①の傾きはだんだん急になっていく。この傾きが速度を表している。2秒後の瞬間の速度とは2秒後のときの傾き（②）である。これはちょうどグラフ①の2秒後のときの接線になっている。

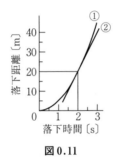

図 0.11

0.5　ベクトルとスカラー

　ベクトルも物理学の現象をより簡単に表現するための手法である。例えば物体が一定の速さ5 m/sで移動しているとする。何度も出てきている速度と距離の関係の式（0.1）$x = vt$ から1秒後は5 mの位置，10秒後は10 mの位置ということがわかる。ただしこれは一次元（直線上）に移動していく場合の話（**図 0.12**（ a ））で，平面上を移動していくときはこの式では表せないかもしれない。例えば図（ b ）のような座標軸が存在する場合，現象としては物体が5 m/sの一定の速さで移動しているが，座標からずれており，x 座標の位置 $x_x = v_x t = 4$ m/s×t，y 座標の位置 $x_y = v_y t = 3$ m/s×t というように，x 方向成分，y 方向成分と分けて式を立てなければならなくなる。そうなると同じ物体が一定の速さで移動しているという物理現象を説明するために，x 座標軸と一致す

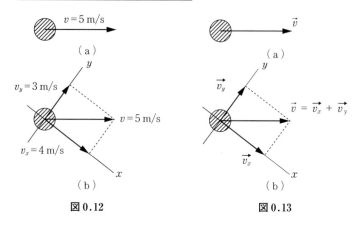

図 0.12   図 0.13

る場合，y 座標軸と一致しない場合，x 座標から角度がある場合などと場合分けして式で表さなければならなくなる。平面上ではなく空間内を移動する場合はもっと場合分けが増える。

　そこでベクトルという考え方を導入する。そもそも式を二つに分けなければならないのは，速さ v という変数が一つの値しか持たないためであり，変数がその向きと大きさというように複数の数値を持てば一つの式で表現できることになる。つまり，「進んだ距離と方向＝速さの大きさと方向×時間」という一つの形で表現できるのである。これがベクトルを導入する意義である。

　図 0.13(a) のように速度（速さと向きを持つ値）を $\vec{v}$ と表してしまえば，距離ベクトル $\vec{x}$ は $\vec{x}=\vec{v}t$ でよい。仮に図(b) のような座標が存在しても，ベクトルならば変わらず $\vec{x}=\vec{v}t$ と表現できる。なぜなら $\vec{v}$ に向きの量，つまり xy 軸の方向成分の量が含まれているからである。ただしこれは数値解が簡単に求められることを意味しない。

　ここでベクトルとスカラーについて説明しておこう。5 m という長さは 2 m より大きい。長さは「大きさ」を持っている。では 5 m の向きは？ この問いは意味不明である。長さは「向き」を持っていない。こういう量をスカラーと呼ぶ。面積，温度，年齢，金額…などはスカラーである。北向きの 30 円とかいわれてもその量を定義しようがない。それに対して「大きさ」と「向き」を

持っている量をベクトルという。力とか速度などはベクトルである。北向きの30 m/s。ちゃんと意味がわかる量となる。

　物理では速度のことを速さと表現することもあるが，この場合，速さ＝速度の大きさである。速さとは速度ベクトルのうち大きさの量だけの表現法である。記号では速度を $\vec{v}$ と表すとき，速さは速度の絶対値 $|\vec{v}|$ と表す。一方，「長さ」に方向を持たせて表現したい場合は，長さベクトルという表現をする。

　計算するときは扱う量がベクトル量なのかスカラー量なのかを注意して扱う必要がある。扱う量によって式の意味が変わるからである。例えば「時間 t をかけて長さ x を移動したときの速さ v」は $x = vt$ と表すことができる。これを「時間 t をかけて長さベクトル $\vec{x}$ を移動したときの速度 $\vec{v}$」であれば $\vec{x} = \vec{v}\,t$ となる。これがこの説の冒頭で説明した「進んだ距離と方向＝速さの大きさと方向×時間」ということになる。一見変わらないように見えるが，ベクトル量で表記したときは向きの要素もイコールであることが式の意味に含まれる。つまり，$\vec{x}$ と $\vec{v}$ は同じ向きであり，$\vec{v}$ の方向に物体は進んでいくという意味を示す。また，$\vec{x}$ は進んだ距離と方向というように理解することもできるが，物体の位置と方向というように理解することもできる。これを位置ベクトルという。例えば図 **0.14** のように初期位置ベクトル $\vec{x_0}$ にある物体が一定速度 $\vec{v}$ で移動するとき，t 秒後の位置ベクトルは $\vec{x}$ は

$$\vec{x} = \vec{v}t + \vec{x_0} \tag{0.4}$$

と表せばよい。$\vec{x_0}$ は初期位置が基準点からどのぐらいの位置にあるかを示しており，$\vec{x}$ は t 秒後に基準点からどのぐらいの位置にあるかを示している。

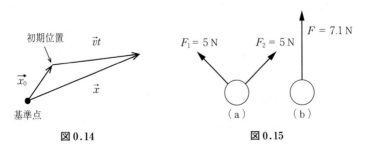

図 0.14　　　　　　　　　図 0.15

スカラーの四則演算，微分積分などは高校までの数学で勉強するのだが，ベクトルの計算となると少々ややこしい。**図 0.15**（a）はボールに二つの力 $\vec{F_1}$，$\vec{F_2}$ が同時に加わっている。これは図（b）のように一つの力が加わっているのと同等である。このとき，単純に $\vec{F} = \vec{F_1} + \vec{F_2} = 10$ とはならないのがベクトルの面倒なところである。$\vec{F_1}$ と $\vec{F_2}$ で平行四辺形を作り，その対角線が $\vec{F}$ になる…などは高校の数学で習っただろう。ベクトルには内積外積などもあり，**図 0.16** でベクトル演算の簡単な概念を示すが，きちんとした計算をするには基本的な数学の勉強は避けて通れない。

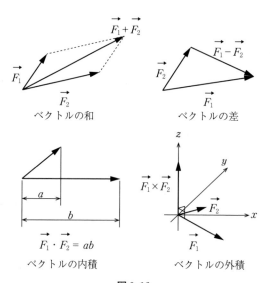

ベクトルの和 ／ ベクトルの差 ／ ベクトルの内積 ／ ベクトルの外積

図 0.16

ベクトルは現象の表現を簡単に表すことができるが，実際の数値を入れて考えるにはベクトルだからといって楽になるわけではなく，変わらず面倒な計算処理が必要になる。数値の計算が楽になるわけではないのは微分積分と同じである。だがベクトルで表現することによって，どんな座標軸があっても同じベクトルを使った式で物理現象を表現することができる。これは現象を理解するときに座標系を考える必要がないということで，物事を単純化して理解できるようになる効果がある。

章　末　問　題

【0.1】　v_n は速度，t_n は時間，x_n は距離を表すとき，明らかに誤っている式は
どれか。ただし n には任意の数字が入るとする。

① $v_1 = v_2$

② $t_1 + t_2 = t_3$

③ $x_1 + x_2 = x_3 + x_4$

④ $v_1 + t_1 = v_2 + t_2$

⑤ $x_1 + x_2 = v_1 t_1$

【0.2】　つぎのうち一番面積が大きいものはどれか

① $1\,\mathrm{m}^2$

② $200\,\mathrm{cm}^2$

③ $3 \times 10^4\,\mathrm{mm}^2$

④ $4 \times 10^{-7}\,\mathrm{km}^2$

⑤ $50\,億\,\mathrm{\mu m}^2$

【0.3】　長さ，質量，時間をそれぞれ L，M，T で表すとき，加速度の次元はど
れか。(第 2 種 ME 技術実力検定試験 24 回［AM29］改変)

① $[\mathrm{M \cdot T^{-1}}]$

② $[\mathrm{L \cdot T^{-2}}]$

③ $[\mathrm{L \cdot M \cdot T^{-2}}]$

④ $[\mathrm{L^{-1} \cdot M \cdot T^{-2}}]$

⑤ $[\mathrm{L^2 \cdot M \cdot T^{-2}}]$

1

遠心分離機　〜力とは何か〜

　血液検査などに用いられる遠心分離機。これは遠心力によって血液を血球成分と血漿に分離することができる機械である。そもそも力とは何か，力は何を起こすのか。ここでは物理の基礎となる力と運動について学び，遠心分離機で起きている事象について理解する。

1.1　遠心分離機と運動

　遠心分離機とは回転によって液体の中の物体を分離する装置である。だが，遠心分離機を使えば何でも分離できるというわけではない。分離の仕組みには遠心力が大きく関わっている。遠心力というと**図1.1**のような回転するときに働く力という印象が強い。この遠心力でなぜ分離するという物理現象を理解することは，どんな物体なら分離できるか，分離できない物体はどのようなものかということを理解することにつながる。

　このためには，遠心力とは何か，遠心力はなぜ生じるのか，遠心力があると

図1.1

なぜ分離するのか。さらには物体の運動，そして力というものを考え，理解する必要がある。

1.2　ニュートンの運動法則

　止まっている物体に力が働いて動き出すことを考えよう。「質量」の大きいものを「勢い」よく動かすためには大きな「力」が必要である。これを式にすると「力＝質量×勢い」となる。勢いというのを正確な言葉で書くと加速度である。したがってこの式は正しくは「力＝質量×加速度」となる。漢字で書くのは面倒なので，普通は

$$\vec{F} = m\vec{a} \tag{1.1}$$

と表現される。$\vec{F}$ が力，m が質量，$\vec{a}$ が加速度である。これが力の定義式である。

　質量の単位は〔kg〕，加速度の単位は〔m/s²〕であるから質量〔kg〕×加速度〔m/s²〕＝力〔kg·m/s²〕となる。多くの場合，力の単位には〔N〕（ニュートン）が用いられる。$1\,\mathrm{kg \cdot m/s^2} = 1\,\mathrm{N}$ である。

　加速度とは物体の速度の時間当たりの変化量である。静止している物体（速度の大きさ0 m/s）の加速度の大きさが2 m/s²であるならば，1秒後の速度の大きさは2 m/s，2秒後には4 m/sである。

　ところで，力はベクトル量であり，加速度もベクトル量である。加速度が持つ方向は，速度が変化する方向である。ゆえに式（1.1）は力と加速度は質量を比例係数として比例するというだけではなく，**図 1.2** のように加速度の方向は力の方向と同じであるという意味を含む。止まっている物体を前に押した

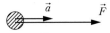

$\vec{F} = m\vec{a}$ は $|\vec{F}|$ と $|\vec{a}|$ が比例するだけでなく
$\vec{F}$ と $\vec{a}$ が同じ方向であることを意味する

図 1.2

ら物体は前に進む。横に進んだりはしない。そんな当たり前のことをこの式は表現しているのである。

式（1.1）は物体の運動を記述する式で，ニュートンの運動方程式と呼ばれる。この式は机から消しゴムが落っこちるとか，フルスイングされたゴルフボールの飛び方とか，果ては天体の運動にまで幅広く適用できる運動における重要な式である。

0章で扱ったように，位置 x を時間で微分すると速度 v，速度 v を時間で微分すると加速度 a となる。別のいい方で速度 v は位置 x の一階微分，加速度 a は位置 x のの二階微分であると表現する。微分にはいろいろな表現方法があり，式で表すと $v=dx/dt$，$a=d^2x/dt^2$ と表したり，時間で微分するということが明らかな場合は，$v=x'$ や $a=x''$ と表したりする。

つまり式（1.1）は $\vec{F}=m\vec{x}''$ と表すこともできる。これは力と位置の二階微分は比例するという微分方程式である。位置 x という（おそらく時間変化している）一つの変数で表現されているので，この微分方程式を解けば，ある時刻に物体がどこにいるか，そのときの速度はいくらでどのような力が働いているかなど，物体の運動について知ることができる。これが数学で微分方程式を学ぶ理由（の一部）である。

$v=dx/dt$ は瞬間の速度 v を表している。もし x が t に比例して一定に変化しているのならば，平均の速さを求める式 $v=x/t$ と同じである。

微分は傾きであるということは 0 章で述べた。縦軸に位置〔m〕，横軸に速さ〔m/s〕を表すグラフを考えてみよう。このときこのグラフ上の傾きは縦軸／横軸なのだから，速さ〔m/s〕を時間〔s〕で割った量，つまり加速度〔m/s²〕を意味することになる。グラフ上のある時点の傾きは微分によって求めることができる。傾きが微分というのはそういう意味である。グラフ上の傾きがどのような意味を持つ物理量なのかは縦軸の物理量と横軸の物理量によって決まる。また積分はグラフ上の面積になる。この例では縦軸×横軸は長さ〔m〕であるので速さの時間積分は長さ（物体が進んだ距離）を意味することになる。

　速度が非常に大きい場合には式（1.1）は成り立たなくなり，そのときは相対性理論を使うことになる。また対象が非常に小さい場合も式（1.1）は成り立たず，量子力学に頼ることになる。しかしわれわれの身の回りの物体の運動を記述するには式（1.1）が有効で，相対性理論や量子力学が発展した現在でもその有効性はいささかも減じてはいない。

　じつはニュートンの運動法則は三つあり，式（1.1）は第二法則である。第一法則は慣性の法則と呼ばれ（聞いたことがあるでしょう），等速度運動（静止状態を含む）中の物体は外力が加わらない限りその状態を保つというものである。外力が加わらないというのは $\vec{F}=m\vec{a}$ で $\vec{F}=\vec{0}$ ということ（0に→がついているのはゼロベクトルを表す。大きさが0のベクトルという意味。左辺 $\vec{F}$ がベクトルなのに右辺が0というスカラー値ではイコールが成立しないのでこのような表現となる）。すると $\vec{a}=\vec{0}$ となる。加速度が0なら速度に変化がないので止まっているもの（速度0）はそのまま止まったままで，一定速度で動いていれば同じ速度で動き続ける。このことは一見当たり前と感じるかもしれないが，このような前提がなければ，第二法則で力を評価することができないのである。もし力が加わらなくても速度が変化することがあるとするのならば，その速度変化が力によるものなのか，それとも別の理由なのかがわからない。速度変化はすべて力によるものであるといい切るために第一法則が必要になる。それが前提になるゆえに加速度（速度変化）の原因はすべて力によるものという $\vec{F}=m\vec{a}$ が第二法則として表されている。

　第三法則は作用反作用の法則と呼ばれ（これも聞いたことがあるでしょう），二つの物体が互いに及ぼす力は大きさが等しく向きは反対というものである。これは第二法則で定義された力についての性質を表している。

1.3　物 体 の 運 動

ここまでの式を用いて物体の運動を表現する。

まず質量 m の物体があるとする。この物体は質量を持つが，ここでは大きさを持たないものとする。このような物体を質点という。大きさがない質点として考える理由は現象をより簡単に表現するためである。大きさが存在すると回転を考える必要が出てくる。

この物体の初期位置を位置ベクトル $\vec{x_0}$ で表現する。$\vec{x_0}$ は初期座標と読み替えてもよい。ベクトルなので一次元でも二次元でも三次元でも構わない。もちろん原点と考えてもよい。初期位置というのは時間 $t=0$ のときの位置という意味である。

同様に初期速度を $\vec{v_0}$ とする。そしてこの物体の時間 t における位置を $\vec{x}$，速度を $\vec{v_0}$，加速度 $\vec{a}$ と表現する。もし力が加わっていないのならば $\vec{x}=\vec{v_0}t+\vec{x_0}$ であり，$\vec{v}=\vec{v_0}$，$\vec{a}=\vec{0}$ の等速直線運動である。前項のように速度や加速度は位置の微分という形で表現してもよい。

図 1.3(a)のように，物体に力 $\vec{F}$ がつねに働いているとすると，$\vec{F}=m\vec{a}$ が成り立つので

$$\vec{a}=\frac{\vec{F}}{m} \tag{1.2}$$

図(b)では初期速度を $\vec{v_0}$ がある物体に加速度 $\vec{a}$ で変化する様子を示しており

$$\vec{v}=\vec{a}t+\vec{v_0} \tag{1.3}$$

となる。図(b)中の $\vec{v_1}$ は1秒後の物体の速度，$\vec{v_2}$ は2秒後の物体の速度を表している。それが $\vec{a}t$ と $\vec{v_0}$ のベクトルの和になっていることを確認してほしい。

図(c)は位置ベクトル $\vec{x}$ を表現したものである。$\vec{x}$ は初期値が $\vec{x_0}$ で $\vec{v}$ の時間積分と考えればよいので式（1.3）を時間 t で積分して

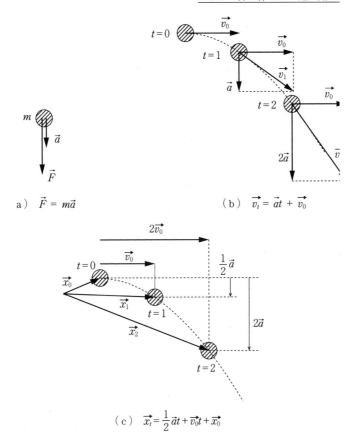

a) $\vec{F} = m\vec{a}$　　　　（b）$\vec{v_t} = \vec{a}t + \vec{v_0}$

（c）$\vec{x_t} = \dfrac{1}{2}\vec{a}t + \vec{v_0}t + \vec{x_0}$

図 1.3

$$\vec{x} = \frac{1}{2}\vec{a}t^2 + \vec{v_0}t + \vec{x_0} \tag{1.4}$$

となる。$\vec{x_1}$ は 1 秒後の物体の位置ベクトル，$\vec{x_2}$ は 2 秒後の物体の位置ベクトルを表している。それぞれ，$1/2\,\vec{a}t^2$ と $\vec{v_0}t$ と $\vec{x_0}$ のベクトル和となっていることがわかると思う。

　質点となる物体に力が働いたときの運動はこれらの式に当てはめればよい。実際に数値解を求めようとするときは，設定条件が直線上のとき，平面のとき，立体のときでベクトルの中身をそれぞれ考え，実際の計算は複雑になって

いくが，運動の現象を理解する式としてはこれだけでよい。

1.4　いろいろな力

　力は物体の加速度を発生させるもの，つまり速度を変化させるものである。身の回りで速度が変化しているものがあれば，そこには力が働いているということである。力が働いているから運動するという前項の逆である。運動しているものがあればそこからどんな力が働いているかがわかる。

　例えば物体を落としたときを考えてみよう。物体が落ちるということは下向きの速度を得たということである。**図 1.4** のように下向きの加速度があるということは，下向きの力があるということになる。物体が落ちるときに働いている力は重力である。

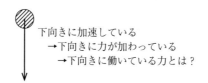

図 1.4

　重力は質量と質量が引き合う性質，万有引力によって生まれる。地球上の質量が地球の質量と引き合う結果，重力という下向きの力となる。

　重力は二つの質量 m_1 と m_2 の間に働く力で，質量同士が r 離れているとき重力の大きさ F は

$$F = G\frac{m_1 m_2}{r^2} = \frac{Gm_2}{r^2}m_1 = gm_1 \tag{1.5}$$

と表される。式は複雑なように見えるが，このような式は何が何に比例して何に反比例するかという点に着目すればよい。

　式（1.5）の $m_1 m_2/r^2$ の部分は物体に働く重力の大きさは質量の大きさの積に比例し，距離の 2 乗に反比例することを表している。r は地球上では地球のほぼ中心と物体との距離である。つまり地球上では距離の変化はほぼないと考

えてよい。また地球の質量も変化しないので，地球の質量 m_2，距離 r，重力定数と呼ばれる比例係数 G をひとまとめにして近似的に考えることが多い。そうすると，地球上で質量 m に働く重力は

$$F = mg \qquad\qquad (1.6)$$

と簡単に表せる。この g は重力加速度と呼ばれる重力による加速度の大きさである。つまり地球上ではすべての物体は重力が働くとき，近似的に一定の加速度 $\vec{g}$ で運動すると考えられる。

　さて，地球上のすべての物体には重力がかかり重力加速度で加速している。**図 1.5** のように質量 m の物体には重力が働く。しかし床の上や机の上の物体は重力が働いているにもかかわらず動いていない。これはその物体に働く力（重力と何かの力のベクトル和）が 0 であるからと考える。もちろん重力は働いているので，重力と同じ大きさの反対向きの力が働き，その結果，物体は動いていないと考える。この反対向きの力は物体が接している床から働くと考えるのが自然である。つまり，床の接地面を垂直に押す力と同じ大きさの力が床から逆向きに働いている。この力は垂直抗力と呼ばれる。

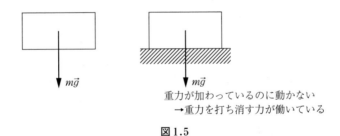

　　　　　$m\vec{g}$　　　　　　　$m\vec{g}$
　　　　　　　　　　　重力が加わっているのに動かない
　　　　　　　　　　　→重力を打ち消す力が働いている

図 1.5

　つぎに**図 1.6**（a）のように床の上に置いたものに横向きの力を加える。なめらかな床であれば物体が動くかもしれないが，動かない場合もある。力を加えているのに動かないということは加えた力と等しい逆向きの力が働いているからである。この物体にも重力と垂直抗力が働いているが，垂直抗力は床と垂直に働く力なので，横向きにかけた力を打ち消すことはできない。つまり横向きの力を打ち消す新たな力によって合力が 0 となっていると考える必要がある。

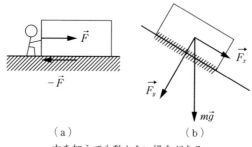

（a）　　　　　　　　　　　　（b）

力を加えても動かない場合がある

図1.6

この打ち消す力は物体が接している床から働いていると考えるのが自然である。接している床から床と平行に物体を押す力と同じ大きさの逆向きの力が働く。これが摩擦力である。摩擦力は物体が止まっている場合は加えられた力と同じだけの静止摩擦力，動いている場合は動摩擦力が働く。静止摩擦力は一般に垂直抗力に比例する。垂直抗力の大きさは物体が床を押す重力の大きさであり，それを超える力が加えられたときはじめて物体は動き出す。

　図（b）では斜めの床に物体がある。物体には重力 $m\vec{g}$ が働いている。物体は床と垂直の方向には動かないので，$m\vec{g}$ のうち床と垂直な方向成分 $\vec{F_y}$ は床からの垂直抗力によって打ち消される。つまり垂直抗力は $-\vec{F_y}$ である。この物体が動いていないのならば $m\vec{g}$ のうち床と平行な方向成分 $\vec{F_x}$ も床との摩擦力によって打ち消されているということを意味する。つまり摩擦力は $-\vec{F_x}$ である。

　このように動いているもの動いていないものを考えることでいろいろな力を見出すことができる。例えば**図1.7**のように物体を吊るしている場面から張力という糸やひもが両側から引っ張られる力がわかり，水に物体が浮いている場面から浮力を見出すことができるだろう。遠心力もこれらと同じよう考えて発見することができる。

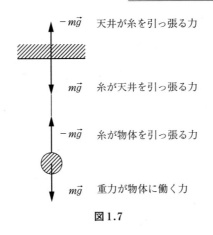

$-m\vec{g}$　天井が糸を引っ張る力

$m\vec{g}$　糸が天井を引っ張る力

$-m\vec{g}$　糸が物体を引っ張る力

$m\vec{g}$　重力が物体に働く力

図 1.7

1.5　回　転　運　動

　物体にひもをつけて回す，あるいは地球が太陽の周りを回る。物体の回転運動は身近によく見られる。この現象を簡単に考えるため，物体は円上を一定の速さで回っているとする。このような運動を等速円運動という。この物体は一定の速さではあるが，速度は絶えず変化している。速度とは「大きさ」と「向き」であるので「向き」が変化していることがわかるだろう。速度の変化とは「向きは一定で速さが変化する」，「速さが一定で向きだけが変化する」，「両方とも変化する」という 3 パターンがある。等速円運動は速さが一定で向きだけが変化する運動である。この場合でも速度が変化しているので力が働いて加速度が生じ，加速度が生じて速度が変化していることを意味する。速さが一定なので「力が働いて加速度が生じている」ということが感覚的には理解しにくいところであるが，この場合も物体の運動を表す式（1.1）の $\vec{F}=m\vec{a}$ が適用される。

　等速円運動で働いている力は図 1.1 のようなハンマー投げを考えると理解しやすい。選手は回転の中心にいて，ハンマーを自分の方向に引っ張る力を出している。これを向心力という。加速度は向心力の方向（円心方向）に生じる。

　速度が変化するためには加速度が必要で，加速度は力がなければ生じないのだから等速円運動をしている物体には絶えず力が働いているのである。**図1.8**のように，その力は物体に対して回転の中心に向かって働いている。中心に向かって働く力とは，例えば物体にひもをつけて回している場合はひもの方向に張力であり，地球が太陽の周りを回っている場合は重力が働いている。

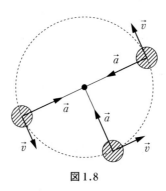

図1.8

　式（1.1）を見ると力が働いているときは物体が加速していくように感じるが，**図1.9**のように物体の速度方向とつねに垂直に加速度がかかっていればそうはならない。物体の速度方向成分に対して垂直方向成分に加速しても速度方向成分は増加しないからである。等速円運動では加速によって速度の方向が変化するが，速度にあわせて加速度の方向が変化するのでいつまでも速度の大きさは変化しない。この中心に引っ張る力を向心力という。向心力によって等速円運動という現象が起きる。

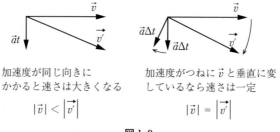

図1.9

　等速円運動している物体の速さと向心力による加速度の大きさで半径は変化する。速度に対して加速度が大きければ半径が小さい円運動を行い, 加速度が小さくなれば半径が大きくなっていく。

　回転運動する物体の回転速度の表し方にはいくつかの種類がある。現場で使われるのは〔RPM〕(小文字でrpmと書かれることもある)である。これはrevolutions per minuteの頭文字で, 意味は「1分間に何回まわったか」である。3000 RPMとは1分間に3000回転, つまり1秒当たり50回転である。

　回転速度の単位は1周を時間で割ったものである。1周の表現には角度でも用いられるラジアンを使い, 1周を2πと考える。物理学でよく使われる回転速度の単位は〔rad/s〕であり角速度とも呼ばれる, 2π rad/sであれば1秒間に1回転, 4π rad/sなら1秒間に2回転を意味する。**図1.10**(a)の二つの物体は, はじめはa, bの位置にあり1秒後にa', b'の位置まで回転した。二つの物体の速さは等しくvであるが, aのほうが小さい半径で回っているので回転角度としては大きくなる。この二つの物体の回転速度が同じというのは(正しいのだが)なんとなくピンとこない。図(b)の二つの物体は, どちらも角速度ω〔rad/s〕(1秒間で回る角度がω rad)で回っている。スピードそのものはbのほうが速いが, 感覚的には同じ速度で回っていると見なせる。

　回転運動している物体の速さvと角速度ωの関係は, 回転半径rとして

$$v = r\omega \tag{1.7}$$

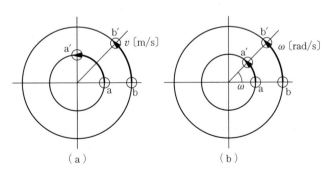

(a)　　　　　　　　(b)

図1.10

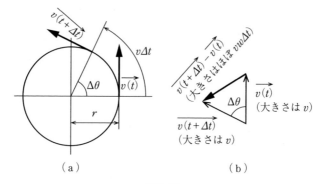

図1.11

と表せる。**図1.11**上部のように，この物体は微小時間 Δt に円周上を距離 $v\Delta t$ だけ移動する（距離＝速さ×時間）。そのときの円中心の角度変化 $\Delta\theta$ は

$$\Delta\theta = \omega\Delta t \tag{1.8}$$

なので式（1.7）を使って

$$\Delta\theta = \frac{v\Delta t}{r} \tag{1.9}$$

である。円弧の長さ $v\Delta t$ を半径 r で割ったものが中心角 $\Delta\theta$ という意味である。

t 秒後の速度 $\overrightarrow{v(\mathrm{t})}$ はその Δt 秒後に $\overrightarrow{v(\mathrm{t}+\Delta t)}$ と変化する。これによって速度の大きさは変化しないが方向が $\Delta\theta$ 変化する。その差すなわち速度の変化の大きさ Δv は，図（b）のようになる。t が0に近づくとき Δv は半径 v で中心角 $\Delta\theta$ の円弧に近似する。半径 v で中心角 $\Delta\theta$ の円弧は式（1.9），（1.8）より $v\Delta\theta = v\omega\Delta t$ となるので，最後に ω を式（1.7）で変形して

$$\Delta v = |\overrightarrow{v(\mathrm{t}+\Delta t)} - \overrightarrow{v(\mathrm{t})}| = v\omega\Delta t = \frac{v^2}{r}\Delta t \tag{1.10}$$

が得られる（図1.11では $\Delta\theta$ が大きく描いてあるが，これはわかりやすさを優先したためで，本当は微小時間 Δt を考えているので $\Delta\theta$ も微小であるため式（1.10）が近似的に成り立つ）。加速度 a は速度の単位時間変化であるから

$$a = \frac{\Delta v}{\Delta t} = \frac{v^2}{r} \tag{1.11}$$

となり等速円運動の中心に向かう加速度の大きさが得られる。つまり，向心力の大きさ F は物体の質量を m として

$$F = ma = m\frac{v^2}{r} \tag{1.12}$$

と表される。

1.6　遠　心　力

　等速円運動をしている物体には円の中心方向に向心力が働いている。回転運動している物体の外から観測することで，力によって加速度が生まれ運動しているというニュートンの第二法則が成り立っている。

　ここで視点を変えて物体自身の視点で考えてみる。例えば**図 1.12** で示すように太陽の周りを回る地球の視点でものを考える。回っている物体自身は静止している状態である。物体が静止しているためには力が釣り合っている必要がある。物体に働く合力が 0 になっていなければ物体は加速していなければならない。ここで物体自身の視点で考えてみても物体にかかる力は変わらずに生じていることに気づくだろう。回転している物体からの視点でも地球は太陽に引っ張られており，ひもがついた物体はひもに張力が働いていることが観測できる。物体に向心力が働いているが物体は静止している。つまり向心力と同じ大きさで逆向きの力が物体に働いていることになる。これが遠心力である。

　このように観測系が変わることによって見かけ上現れる力を慣性力という。遠心力は慣性力の一つであり，電車がブレーキをかけることによってつり革が動いたり，エレベータが上下するときに体が軽くなったり重くなったり感じるものも慣性力である。例えば**図 1.13**（a）は加速度 $\vec{a}$ で加速（減速）する電車である。外からの視点では電車のつり革（質量 m）はひもから引っ張られて電車と同じ $\vec{a}$ で加速している。つまり張力 $\vec{T}$ と重力 $m\vec{g}$ の合力がつり革を加速させる力 $\vec{F} = \vec{T} + m\vec{g}$ であり，この力が質量 m のつり革を加速度 $\vec{a}$ で加速させているのだから $\vec{F} = m\vec{a} = \vec{T} + m\vec{g}$ である。一方，図（b）は同じ電車で電

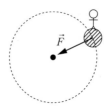

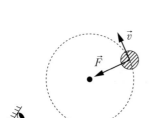

回転運動中の物体から見ると
引っ張る力はあるが自身は静
止している

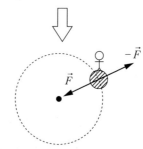

回転運動の外から見ると
力によって物体が運動している

静止するためには逆向きの力で
打ち消されていると考えなけれ
ばならない

図 1.12

車の中から現象を観測した場合である。このとき，電車のつり革は静止してい
るので，力は釣り合っていなければならない。電車に対して重力 $m\vec{g}$ は同じよ
うにかかっているはずだから，張力 $\vec{T}$ と釣り合わせるために慣性力 $-\vec{F}$ を考
える必要がある。

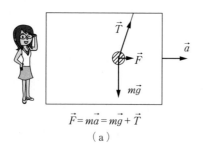

$$\vec{F} = m\vec{a} = m\vec{g} + \vec{T}$$
（a）

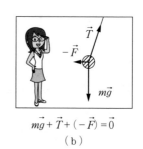

$$m\vec{g} + \vec{T} + (-\vec{F}) = \vec{0}$$
（b）

図 1.13

さて，遠心力の大きさは向心力の大きさと同じであった。**図1.14**のように質量 m の物体が半径 r の円周上を角速度 ω で回転している場合に生じる加速度と向心力は式（1.7），（1.11），（1.12）より

$$\text{加速度}\quad a=\frac{v^2}{r}=r\omega^2 \text{（向きは円心方向）} \tag{1.13}$$

$$\text{向心力}\quad F=m\frac{v^2}{r}=mr\omega^2 \text{（向きは円心方向）} \tag{1.14}$$

となる。遠心力の大きさは向心力の大きさと同じだから遠心力の大きさも $F=$

コラム　コップの氷が溶けると水面はどうなる？

コップの中の水に浮かぶ氷には重力が働いているが，下に加速していない。これは水から重力と同じ大きさの浮力が働いているからである。重力の大きさは質量 m と加速度 g の積 mg である。

ところで，水に氷を浮かべるとき，氷が入る空間の水がその空間から押し出される。その水は静止していたのだから重力と浮力が働いていたということになる。つまり，その空間に入り込んだ氷にはそこにあった水から同じだけの浮力を受ける。つまり浮力は水にかかる重力と同じだから，その大きさは水の密度 ρ（＝質量／体積）と押し出される体積 V を使って $\rho V g$ となる。

これが氷の質量と同じになるところで力が釣り合い静止する。水に浮かべる物体が水より密度が小さければ小さいほど水に入る体積は小さくなり水面より上に出る部分が大きくなる。また，密度が水よりも大きければ沈む。

氷は水であるが，凍らせることで体積がわずかに増え，密度が $0.92\,\mathrm{g/cm^3}$ 程度に小さくなる。水の密度よりも小さいので浮かぶが，氷全体の質量は水と変わらない。

さて，水面の高さは氷を浮かべたことで上昇しているが，この上昇分は氷が水面下に入り込んでいる体積分だけとなる。この体積分の水の質量は氷の質量と同じであるから，氷が溶けても水面は変わらない。

ではジュースに氷を浮かべた場合はどうだろうか。ジュースの密度は氷よりも大きい。つまり氷が溶けると水面は上がるということだ。逆に密度が水よりも小さい液体に氷を浮かべたなら氷が溶けると水面は下がる。

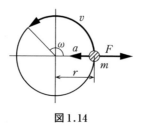

図 1.14

$m v^2/r = mr\omega^2$ である。

　例えば $m = 20$ g（$= 0.02$ kg）のサンプルを $r = 15$ cm（0.15 m），3000 RPM で回すとする。3000 RPM とは 1 秒当たり 50 回転なので $\omega = 50 \times 2\pi$ rad/s。これを上式に代入すると加速度は 1 4804.4 m/s^2（$= 1510.7$ G，重力加速度の 1510.7 倍），遠心力は $F = 296$ N となる。力や加速度はベクトルであるので，本来このような解析は数学の一分野であるベクトル解析を用いるともっと簡単に計算できる。勉強しているときは，ベクトル解析など何の役に立つのかわからないのだが，じつはこのように遠心分離機の動作を理解するのに重要な役目を果たすのである。

　遠心分離機はこの遠心力を利用した機械である。回転する物体の視点に立つと，遠心力という回転中心から外に向かう力が働くことになる。物体全体に力が働くと，重力下で浮力が生じるのと同じように，軽いものは上へ重いものは下へ移動する。この結果，密度の重いものは回転の外側に向かい，密度の軽いものは回転の内側に向かい，密度の異なるものを分離することができる。逆に密度に差がない物体が液体の中に混ぜられていた場合は遠心分離機では分離できないということである。

章 末 問 題

【1.1】　力の単位で正しいのはどれか。

① N　　② Pa　　③ kg·m/s　　④ J　　⑤ W

【1.2】　下記の中で正しいものはどれか。

① その物体に働く合力の大きさが 0 のとき，その物体は必ず静止している。

② その物体に働く合力の大きさが 0 でないとき，その物体の速さが 0 になることはない。

③ その物体が静止し続けているとき，その物体に働く合力の大きさは 0 である。

④ その物体が動いているとき，その物体に働く合力の大きさは 0 になることはない。

⑤ その物体の速さが 0 になる瞬間は，その物体に働く合力の大きさは 0 である。

【1.3】　下記の中で誤っているものはどれか。

① 物体に力が働いて動き出すことを式で表すと「力＝質量×加速度」となる。

② 加速度の単位は〔m/s^2〕で，質量は〔kg〕であるので，力の単位は〔kg·m/s^2〕＝〔N〕（ニュートン）である。

③ 力はベクトル量であり，加速度はスカラー量である。

④ 持っているものを手放したときに物体が落ちていく，これは下向きの加速度があるということであり，このとき働く力を重力と呼ぶ。

⑤ 質量を持つ二つの物体が互いに引き合う力を万有引力と呼び，その大きさは質量と距離によって変化する。

【1.4】　下記の中で誤っているものはどれか。

① 等速円運動とは物体がつねに同じ向きに進んでいることを意味する。

② 向心力とは物体を曲線軌道で動かすための力のことで，ハンマー投げの際に外側にハンマーが飛んでいかないようにする力である。

③ 回転速度の表し方には，1分間に何回まわったかを表すRPMと，1秒当たりに回転した角度を表す角速度がある。

④ 遠心力とは向心力と同じ大きさで逆向きの力のことで，ハンマー投げの際に外側にハンマーが飛んでいこうとする力である。

⑤ 遠心力は慣性力の一種で，電車がブレーキをかけることによってつり革が動いたときにつり革に働いたようにみえる力を慣性力という。

【1.5】　体重50kgの人が2.0m/sの一定の速さで上昇するエレベータの中に立っている。重力加速度を9.8m/s^{2}とするとき，床が人に及ぼす垂直抗力を計算する式で正しいものはどれか。

① $50\times(9.8+2.0)$　② 0　③ $50\times(9.8-2.0)$　④ 50×9.8
⑤ $50\times(9.8\times2.0)$

【1.6】　質量100gの物体が半径30cmの軌道上を1分間に30回転の等速円運動をしている。物体に作用するおよその遠心力〔N〕はどれか。

（臨床工学技士国家試験 第29回 [PM80]）

① 0.1　② 0.3　③ 0.5　④ 0.7　⑤ 0.9

【1.7】　ある物体が直線上を運動している。はじめ物体は静止しており，時刻0秒から2秒までは2m/s^{2}で等加速度直線運動，2秒から5秒までは等速直線運動，5秒から7秒まで等加速度直線運動で運動し，7秒時点で静止していた。物体がはじめの位置から移動した距離はどれか。

① 6m　② 12m　③ 20m　④ 40m　⑤ 60m

2

エアバッグ　〜運動量とエネルギー〜

　エアバッグは車の事故時に体を守るために必要な設備である。エアバッ
グは膨らんだ風船のようなもので体と固いものとの衝突を防ぐ。だが単に
柔らかいものに衝突させれば大丈夫というわけではない。衝突時にどのよ
うな運動が起きているか，その解明には運動量とエネルギーという物理量
の理解が必要である。

2.1　運動量と力積

　前章で扱ったように物体の運動状態を変えるには力を加えればよい。大きな
力を加えるほど，また力を加える時間が長いほど，運動状態が変化する。

　どのくらいの力を加えれば，どのくらいの運動が変化するのだろうか。力が
運動に及ぼす影響はニュートンの第二法則

$$\vec{F} = m\vec{a} \tag{2.1}$$

で表されている。この力を時間変化する関数 $\overrightarrow{F(t)}$ とすると，加速度も $\overrightarrow{a(t)}$ と
表される。これはすべての時間で式が成り立つことを意味している。この力が
物体にある間の時間加えられた現象は，積分によって表される。両辺を積分す
ると

$$\int \overrightarrow{F(t)}\,dt = \int m\overrightarrow{a(t)}\,dt = m\int \overrightarrow{a(t)}\,dt \tag{2.2}$$

となる。加えられた力の総和は加速度の総和に比例するという意味になる。

　この式からある力 $\overrightarrow{F(t)}$ がある時間加えられたことによって，質量 m の物体
は $\int \overrightarrow{a(t)}\,dt$ だけの速度変化が起きたということがわかる。

　ところで，加速度の積分は速度の変化量であるので，右辺は速度の変化量

$\Delta \vec{v}$ を使って

$$\int \overrightarrow{F(t)}\,dt = m\Delta \vec{v} \tag{2.3}$$

と表すことができる。

　運動の激しさは，運動している物体の質量と速度で決まる。質量 m の物体が速度 $\vec{v}$ で動いている場合，$\vec{P} = m\vec{v}$ である $\vec{P}$ を運動量という。m の単位が〔kg〕，$\vec{v}$ が〔m/s〕であるとき，運動量の単位は〔kg·m/s〕である。運動量 $\vec{P}$ は，スカラー量の質量とベクトル量の速度の積なのでベクトル量である。式（2.3）の右辺は運動量の変化量を意味する。

　式（2.3）の左辺，力の時間積分を力積という。微小時間 Δt の間，力 $\vec{F}$ が変化しないと考えると力積は $\vec{I} = \vec{F}\Delta t$ となる，$\vec{F}$ の単位が〔N〕，Δt の単位が〔s〕なら力積の単位は運動量と同じ〔kg·m/s〕でベクトル量である。**図 2.1** は速度 $\vec{v_1}$ で動いている質量 m の物体（運動量 $\vec{P_1} = m\vec{v_1}$）に力積 $\vec{I} = \vec{F}\Delta t$ を加えて，速度 $\vec{v_2}$ に変化した（運動量 $\vec{P_2} = m\vec{v_2}$）様子を示したものである。式（2.3）からもわかるように，力積の分だけ運動量が変化するので，$\vec{P_1} + \vec{I} = \vec{P_2}$ である。

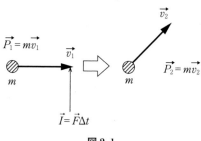

図 2.1

　運動量は物体の衝突の解析に用いることができる。**図 2.2**（a）のように物体 A（質量 m_A，速度 $\vec{v_A}$）と物体 B（質量 m_B，速度 $\vec{v_B}$）が衝突するとする。図（b）はその衝突の瞬間である。運動におけるニュートンの第三法則より，力はかけるほうとかけられるほうに同じ大きさで逆向きの力が働く，つまり物体 A，B に同じ大きさで逆向きの力が働くことになる。また，その力は物体 A と

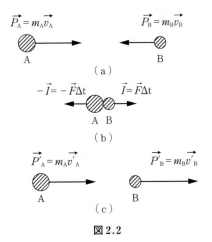

図2.2

物体Bが接しているときだけ働くので，この力は同じ時間だけかかる。それゆ
え物体A，Bに同じ大きさで逆向きの力積が働くことになる。衝突の結果，図
（c）のようにAの速度は$\overrightarrow{v_A}$から$\overrightarrow{v'_A}$に，Bの速度は$\overrightarrow{v_B}$から$\overrightarrow{v'_B}$になる。これ
を式にすると運動量の変化は

$$\text{A}: \overrightarrow{P_A} = m_A\overrightarrow{v_A} \quad \rightarrow \quad \overrightarrow{P'_A} = m_A\overrightarrow{v'_A}$$
$$\text{B}: \overrightarrow{P_B} = m_B\overrightarrow{v_B} \quad \rightarrow \quad \overrightarrow{P'_B} = m_B\overrightarrow{v'_B} \tag{2.4}$$

であり，この変化は力積$\vec{I} = \vec{F}\Delta t$によって起きたのだから

$$\overrightarrow{P_A} - \vec{I} = \overrightarrow{P'_A}$$
$$\overrightarrow{P_B} + \vec{I} = \overrightarrow{P'_B} \tag{2.5}$$

が成り立つ。すなわち

$$m_A\overrightarrow{v_A} - \vec{I} = m_A\overrightarrow{v'_A}$$
$$m_B\overrightarrow{v_B} + \vec{I} = m_B\overrightarrow{v'_B}$$

これを一つにまとめると，$\vec{I}$が消え

$$m_A\overrightarrow{v_A} + m_B\overrightarrow{v_B} = m_A\overrightarrow{v'_A} + m_B\overrightarrow{v'_B} \tag{2.6}$$

となる。この式は，最初にA，Bが持っていた運動量の合計は衝突後の運動量
の合計と変わらないことを意味する。これを運動量保存則という。
ただし，これだけでは衝突によってどのような速度状態になったかという

$\vec{v'_A}$, $\vec{v'_B}$ を一つの解に定めることができない。決定するにはもう一つ，衝突の条件が必要である。衝突の条件とは，例えば反発係数である。反発係数とは衝突前後の物体の相対速度比のことであるが，ここでは弾性衝突を仮定して考える。弾性衝突とは相対速度比をマイナスにしたものが1，つまり衝突前後で二つの物体の間の速さが変わらない状態である。例えば「ピンポン球を1mの高さから落としたとき，1mの高さまで跳ね上がる」状態である。図2.2(a)で，あなたは物体Bに乗っているとする。あなたが物体Aを見るとAは$\vec{v_A}$ - $\vec{v_B}$ の速度で近づいてくるように見えるだろう。$\vec{v_A} + \vec{v_B}$ ではなく $\vec{v_A} - \vec{v_B}$ である。$\vec{v_B}$ はベクトルなので「左向き」という情報を持っている。$-\vec{v_B}$ で「右向き」ということを表すことになる。この相対速度は図(c)の場合は $\vec{v'_A} - \vec{v'_B}$ になる。このとき弾性衝突の条件（相対速度比をマイナスにしたものが1）から

$$\vec{v_A} - \vec{v_B} = -(\vec{v'_A} - \vec{v'_B}) \tag{2.7}$$

になる。弾性衝突とは，衝突前後の相対速度の大きさが同じで向きは逆のことで，数式で表現すると式（2.7）という形で表現できる。

　式（2.6）と式（2.7）があれば知りたい値が $\vec{v'_A}$, $\vec{v'_B}$ の2個，式が2本なので，$\vec{v'_A}$, $\vec{v'_B}$ を求めることができる。

2.2　エネルギーの定義

　仕事というのは世間では働いてお金を稼ぐことであるが，物理学においては仕事とエネルギーは同義である。エネルギーの日本語訳が仕事だと思ってもらってよい。

　物体に大きな力を加えて遠くまで運べば，それだけ大きな仕事をした（大きなエネルギーを与えた）ことになるので，エネルギーは力と移動距離の積と考えられる。ただし力はベクトル量で物体に力と同じ方向の速度変化を与えるのだから，力の方向成分とは異なる方向（つまり力と垂直な方向）の移動は力によるものではない。このことを式で表現すると，一定の力 $\vec{F}$ で物体を $\vec{x}$ だけ移動させたときの仕事は

$$W = \vec{F} \cdot \vec{x} \tag{2.8}$$

と表される。$\vec{F} \cdot \vec{x}$ は $\vec{F}$ と $\vec{x}$ の内積という。0章で軽く触れたがベクトル演算の一つである。$\vec{F}$ と $\vec{x}$ の方向が一致するときは双方の大きさの積が内積の値となり，$\vec{F}$ と $\vec{x}$ の方向が垂直のときは内積の値は 0 である。ベクトルの内積の結果はスカラー量となるのでエネルギーや仕事はスカラー量である。

移動させた物体の質量や，移動にかかる時間は一切関係ない。仕事（エネルギー）の単位は力の単位を〔N〕，移動距離の単位を〔m〕とするとき〔N·m〕である。ちなみに**図 2.3** に示すように，シーソーに力を加えたときの回転力（トルク）は $\vec{F} \times \vec{L}$ であり，トルクの単位も〔N·m〕である。ただし $\vec{F} \times \vec{L}$ はベクトルの外積なのでトルクはベクトル量である。エネルギーとトルクではその意味が全く異なっているにもかかわらず，同じ単位になる。これでは混乱するので，エネルギーの単位には〔J〕（ジュールと読む）という別名が与えられている。1 N·m＝1 J である。〔J〕は〔N·m〕の別名だが，エネルギーのときだけに使用し，トルクには使わない。

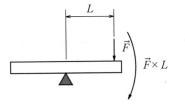

図 2.3[1]

じつはエネルギーにはもう一つ別の単位がある。それは〔cal〕（カロリー）である。こちらのほうはたいへん有名で，おもに食べ物の太る指標として使われているようであるが，じつはエネルギーの単位である。〔J〕と〔cal〕の換算は，1 cal＝4.2 J である。カロリーについては 8 章で再び触れる。

さて**図 2.4**(a)のように床に置かれた物体に 10 N の力を加えて 3 m 動かしたとする。このときの仕事量は力と移動の方向が異なるから 10 N×3 m＝30 J，というのは間違いである。仕事の定義を辞書で調べると「力が働いて物体が移動した時に，物体の移動した向きの力と移動した距離との積（広辞苑）」

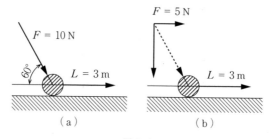

図 2.4

である。10 N×3 m＝30 J が成り立つのは力と移動方向が一致しているときだ
けである。式（2.8）のベクトルの内積の演算ができればそれでよいが，図
（b）のように考えることもできる。10 N という斜めの力は，縦方向の力と横
方向の成分の力に分解して考えることができる。縦方向の力と横方向の力の合
力が斜めの力である。いま横方向の力の大きさは 5 N であり，これは物体の移
動方向と一致している。したがってこのときの仕事は 5 N×3 m＝15 J となる。
力も移動も向きと大きさを持つベクトル量なので，向きについてはいつも気に
しなければならない。

2.3　運動エネルギーと位置エネルギー

　エネルギーには電気エネルギー，熱エネルギー，光エネルギーなど多くの種
類があるが，ここでは運動エネルギーと位置エネルギーについて考える。
　動いている物体はエネルギーを持っている。これを運動エネルギーという。
動いていない物体，つまり速度の大きさが 0 なら運動エネルギーは 0 である。
エネルギー量は物体の質量と運動の速度に依存する。重くて速い物体が壁にぶ
つかると大きな衝撃を生じることからエネルギーが想像できるだろう。
　運動エネルギーの大きさを考えてみよう。ここでは簡単にするために物体が
直線上を運動することを考え，物体の初期速度の大きさを v_0，質量を m とす
る。この物体が図 2.5 のように壁に h だけめり込んで止まったとする。止まっ
たときの物体の運動エネルギーは 0 である。壁にめり込んでいるとき一定の大

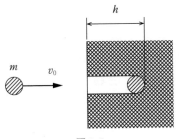

図 2.5

きさの力 F が働いたなら，壁に対して Fh の仕事をしているので，物体はもともと Fh の運動エネルギーを持っていたと考える。

さて壁にめり込むとき一定の大きさの力 F が働いたなら，$F=ma$ で求められる加速度 a で物体は減速したことになる。物体が壁にぶつかってからめり込んで停止するまでの時間を t とすると，物体の速度 v は

$$v = -at + v_0 \qquad (2.9)$$

である。これはこの物体が直線上のみを動く運動であるため，前章の式（1.3）のベクトル表記を一方向成分だけで表したものである。式（1.3）の加速度ベクトル $\vec{a}$ の部分が減速させる量として $-a$ としている。さらに物体が壁にぶつかった位置（初期位置）を 0 とすると式（1.4）を使って，t のとき壁からめり込んだ距離 x は

$$x = -\frac{1}{2}at^2 + v_0 t \qquad (2.10)$$

となる。この距離が h となるとき，速度は 0 なのだから，式（2.9）より

$$-at + v_0 = 0$$

$$t = \frac{v_0}{a} \qquad (2.11)$$

また式（2.10）より

$$h = -\frac{1}{2}a\left(\frac{v_0}{a}\right)^2 + v_0 \frac{v_0}{a} = \frac{1}{2}\frac{v_0^2}{a} \qquad (2.12)$$

この両辺に $F=ma$ を掛けると

$$Fh = \frac{1}{2}mv_0{}^2 \tag{2.13}$$

となる。この左辺は物体が持っていた運動エネルギーであった。つまり，速度の大きさ v，質量 m の物体が持つ運動エネルギー E は

$$E = \frac{1}{2}mv^2 \tag{2.14}$$

と表される。E に対して v は2乗で効いてくるので，速度が2倍になると運動エネルギーは4倍になる。つまり時速 80 km で走っている車が事故を起こすと，時速 40 km の車の4倍の衝撃を生じる。スピードは控えめにという交通標語には物理的な意味があるのである。

運動量はベクトル（大きさと向きを持つ）であったが，運動エネルギーはスカラー（大きさだけを表現し向きの情報は持たない）である。ここでは初めから速度をスカラー値で考えたが，数学的には v^2 の部分は $\vec{v} \cdot \vec{v}$（速度ベクトル $\vec{v}$ と $\vec{v}$ の内積）と表される。物体の衝突の解析では，衝突後にどの方向に動いたかが大切なので運動量が使われるが，向きの情報が不要な場合は運動エネルギーを用いた解析が便利である。

つぎに位置エネルギーについて考えよう。**図 2.6** のようにあなたの頭上にボールがあるとする。感覚ではこのボールのヤバさはボールの質量と高さと重力で決まる。ボールがピンポン球（質量が小さい）だったり床にある（高さが0）場合は怖くない。またこれが無重力空間だったら（落ちてこないので）怖

図 2.6[1]

くない。このヤバさが位置エネルギーそのものである。

　重力加速度 g の条件下で基準点からの高さ h にある質量 m の物体が持つ位置エネルギーは，基準点からの高さ h に移動させるためにした仕事に相当するエネルギーと考えられる。g は1章でも出てきた地球の重力の強さを表す指標で重力加速度と呼ばれ $g = 9.8\,\mathrm{m/s^2}$ という値を持つ。

　仕事は式（2.8）で力と距離の内積で表すことができた。物体には重力が働いているので，物体は mg だけ下向きに力がかかっている。物体を上に動かすには少なくとも $F = mg$ の大きさを上向きにかける必要がある。これで力が釣り合った状態となり動かしたとき，位置エネルギーの分だけ仕事をしたと考えることができる。もし力が釣り合った状態でなければ，物体は加速することになり，それによって物体は運動エネルギーを持つことになる。そのような状況は計算しにくくなるので，物体の速度は0のまま考える。これは現実的ではないが理論的にそのような理想的な状態を考えて計算することがよくある。物理の問題では「ゆっくり動かした」などで速度0のまま動かしていることを表現する。

　さて，この力で力と同じ方向に h 移動させたときの仕事は

$$W = Fh = mgh \tag{2.15}$$

となる。右辺の mgh が位置エネルギーである。図2.7のように重力加速度をベクトル $\vec{g}$ と考えると，$-m\vec{g}\cdot\vec{h}$ と表すことができる。高さ $\vec{h}$ は重力加速度の向きと逆向きなのでマイナスをつけて表現しているが，値はプラスである。

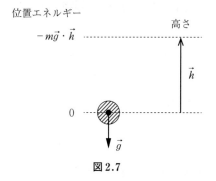

図 2.7

また，もし $\vec{h}$ が重力加速度と垂直（水平方向）である場合（同じ高さで水平に移動した場合）は位置エネルギーが 0 であることも意味している。

　この位置エネルギーは重力加速度を一定と考えて算出していることに注意が必要である。1 章にも出てきたように重力は距離と互いの質量によって変化するので，地球上であっても重力加速度が変化する可能性がある。また他の天体に行けば重力の大きさも異なるので，位置エネルギーが mgh で表すことができるのは地球上の一部の範囲である。しかし，他の天体における位置エネルギーや地表を基準とした宇宙空間の位置エネルギーなどという特殊な場面を想定しない限り，位置エネルギーについて式（2.15）で覚えておいて問題はない。

　運動エネルギーは目で見てわかりやすいが（なにしろ物体が動いているのだから），位置エネルギーは一見するとエネルギーがあるのだかないのだかわかりにくい。位置エネルギーは内に秘めたエネルギーだといえるだろう。そういう意味で位置エネルギーのことをポテンシャルエネルギーということもある。

　ラーメン 1 杯約 600 kcal とすると，600 kcal＝2500 kJ。体重 70 kg の人間がこのエネルギーを消費するには 2 500 000 / 70 / 9.8 = 3644 m ≒ 3.6 km の高さの階段を昇らねばならない（実際は体内でのエネルギー消費があり，食べたラーメンのカロリーがすべて体に吸収されるわけではないので昇るべき高さはもっと低くてよい）。ちなみに富士山の標高は 3776 m。このようにダイエットが苦しいという常識を数式で表現できるのである。

2.4　エネルギー保存の法則

　ボールを落とすと mgh の h がどんどん小さくなり，位置エネルギーは失われる。その代わり落下スピードが増えていき運動エネルギーが増加する。このとき「位置エネルギー＋運動エネルギー＝一定」というのがエネルギー保存の法則である。

　位置エネルギーと運動エネルギーが保存されるという考えを用いて，流速 v で鉛直上方に吹き上がる噴水の到達高さ h を計算してみよう。吹き上がる水

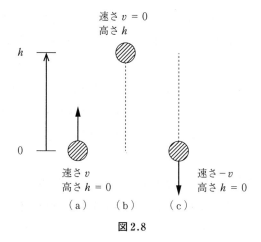

図 2.8

の塊の質量を m, 到達高さを h とすると**図 2.8** のように

吹き上がった瞬間（高さが 0 のとき）（図（a））

位置エネルギー　$E_p = 0$ J

運動エネルギー　$E_k = 1/2\, mv^2$

最高到達点（速度が 0 のとき）（図（b））

位置エネルギー $E_p = mgh$

運動エネルギー $E_k = 0$ J

これらが等しいのだから

$$\frac{1}{2}mv^2 = mgh \tag{2.16}$$

また，図（c）のように落下してきたときは図（a）と速度の向きが逆だが位置エネルギーも運動エネルギーも同じである。

仮に，$v = 10$ m/s, $g = 9.8$ m/s^2 とすると $h = 5.1$ m が求められる。到達高さは質量に依存しないこともわかる。

もう一つ例を挙げよう。ビルの 4 階（高さ 20 m）から飛び降りたらどうなるだろう。式（2.16）を使って，$h = 20$ m，$g = 9.8$ m/s^2 を代入すると，$v^2/2 = 196$ m/s^2。したがって $v = 19.8$ m/s $= 71.3$ km/h。つまり地面に時速 71.3 km の

スピードで激突する。要するに時速 71.3 km で走るトラックに轢かれるのと同じである。このようにビルの 4 階から飛び降りたらただでは済まないという常識を数式で表現できるのである。

　ここでは位置エネルギーと運動エネルギーが保存されることしか説明しないが，エネルギー導出過程で示したように仕事とエネルギーは等価であり保存される。また，この後出てくるさまざまな物理現象に潜むエネルギーとも交換可能である。

　この法則は物理学において重要な考え方である。物理的に何かを変化させるためにはエネルギーが必要であり，またエネルギーは突然湧いて出てくるものではなく，エネルギーを持つ何かから与えられなければならない。そして突然消えてなくなりもしない。エネルギーが失われて見えたとしてもそのエネルギーは何かの形に変えただけである。

　例えば 2.1 節で例に挙げた二つの物体の衝突前後の運動を考えてみる。

　図 2.9(a)のように 1 kg の物体 A が 6 m/s で，2 kg の静止している物体 B に衝突する。このとき相対速度は，A が B に 6 m/s で近づいていることになる。また式 (2.6) で示したように衝突前後の運動量の合計は保存される。物体が持つ運動エネルギーはそれぞれ 18 J と 0 J なので二つの物体が持つエネルギーは 18 J である。

　図(b)は弾性衝突した後の状態を表している。A は左向きに 2 m/s で移動し，B は 4 m/s で右向きに移動している。運動量の合計は衝突前と同じであり，運動量が保存されているのがわかる。また，相対速度は A が B から 6 m/s で遠ざかっている状態で弾性衝突した後であることがわかる。このとき物体の運動エネルギーは 2 J と 16 J で合計 18 J となり，エネルギーも衝突前後で保存されている。

　図(c)は反発係数が 0.5 のときの衝突後の状態を表している。反発係数が 0.5 というのは衝突後の相対速度が衝突前逆向きで半分の大きさであることを意味している。A が静止していて，B が右向きに 3 m/s で動いているとき，相対速度は A が B から 3 m/s で遠ざかっており，運動量も保存されている。この

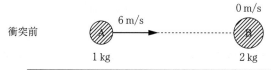

衝突前

	A	B	計
運動量	右向き6 kg・m/s	0 kg・m/s	右向き6 kg・m/s
エネルギー	18 J	0 J	18 J
相対速度	AがBに6 m/sで近づく		

(a)

反発係数=1

	A	B	計
運動量	左向き2 kg・m/s	右向き8 kg・m/s	右向き6 kg・m/s
エネルギー	2 J	16 J	18 J
相対速度	AがBから6 m/sで遠ざかる		

(b)

反発係数=0.5

	A	B	計
運動量	0 kg・m/s	右向き6 kg・m/s	右向き6 kg・m/s
エネルギー	0 J	9 J	9 J
相対速度	AがBから3 m/sで遠ざかる		

(c)

反発係数=0

	A	B	計
運動量	右向き2 kg・m/s	右向き4 kg・m/s	右向き6 kg・m/s
エネルギー	2 J	4 J	6 J
相対速度	AがBから0 m/sで遠ざかる		

(d)

図2.9

とき運動エネルギーの合計は9Jでエネルギーは衝突前後で保存されていない。

　図(d)は反発係数0の衝突後の状態で，反発係数0のときは衝突後に相対速度0，つまり同じ速度で移動する。A，Bとも右向きに2m/sで移動しているので相対速度と運動量保存の条件は満たすが，エネルギーは2Jと4Jで合計6Jとなりエネルギーは保存されない。

　これは物体の衝突前後でエネルギーが保存されるのは弾性衝突のときだけであり，必ずしもエネルギーが保存されるとは限らないことを示している。ではこのエネルギーはどこに行ったのであろうか。エネルギーは消えてなくならないので必ず何かしらの形に変化している。この場合であれば例えば，衝突時に発した音，摩擦による熱，物体の変形などにエネルギーが使われたと考えられる。

2.5　エアバッグとの衝突

　さて二つの物体の衝突において，人間とエアバッグと考えよう。**図2.10**のようにエアバッグに速度v，質量mの人間の頭が衝突し，静止したとする。静止するまで，エアバッグから大きさFの一定の力が時間tの間加わったとすると，力積はFtとなり，これが初めmvだけあった運動量を0にする変化をもたらしたのだから

$$Ft = mv \tag{2.17}$$

が成り立つ。

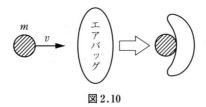

図2.10

コラム　缶ジュースを凍らせるとゆっくり転がる？

　物体の運動を考える際，物体を質点で考えてしまうと現実と合わなくなる場合がある。例えば，図のように斜面で二つの缶ジュースを転がす。このとき一方は凍らせたジュース，もう一方は凍らせてない液体の状態にする。

　このとき運動はどうなるだろうか？

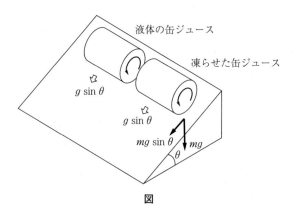

液体の缶ジュース

凍らせた缶ジュース

$g \sin \theta$

$g \sin \theta$

$mg \sin \theta$　mg

θ

図

　缶ジュースの質量を m，重力加速度を g，斜面の角度を θ とすると，斜面方向に $mg \sin \theta$ の力が働くので，缶ジュースは斜面方向に $g \sin \theta$ の加速度で運動する。

　このように考えることは誤りではない。だが，この考えでは二つの缶ジュースに運動の差は生じない。しかし，実際にはこの二つには違いが生じる。

　理論と現実で差が生じる原因は，理論的にモデル化したとき，想定していないもしくは省略してしまった事象が原因である。この場合は物体の大きさと回転である。上の考えでは物体を質点で考え，回転を考慮していないが，実際の缶ジュースは回転する。物体が回転することにもエネルギーが必要であり，この場合はそれが無視できないほど大きい。

　さて凍らせた缶ジュースと凍らせてない缶ジュースで何が異なるのか。大きい部分は中の物体が外の缶と固定されているか固定されていないかである。缶と一緒に内部が回転するか，缶だけが回転して内部は平行移動する（回転しない）かという差がある。斜面を転がった際失った位置エネルギーは運動エネルギーに変わるが，凍った缶の場合はそのエネルギーの一部が内部の回転にも費やされるので，平行移動分の運動エネルギーが少なくなる。

　例えば頭部の質量 $m=3\,\mathrm{kg}$，衝突速度 $v=20\,\mathrm{m/s}=72\,\mathrm{km/h}$ として静止するまで $t=0.1\,\mathrm{s}$ かかったとする力積と運動量の関係から $F=600\,\mathrm{N}$ となる。この力は頭部にかかる力である。ニュートンの第三法則を考えれば，この力と同じ力がエアバッグにもかかっている。つまりエアバッグを柔らかく（内部の圧力を小さく）すればこの力は小さくなる。

　しかし柔らかくするほどいいというわけでもない。衝突前に頭部が持つ運動エネルギーは $1/2\,mv^2=600\,\mathrm{J}$ である。頭部の速度が 0 になるためにはこのエネルギーをエアバッグに与える必要がある。エアバッグに $600\,\mathrm{N}$ の力しか働いていないなら $1\,\mathrm{m}$ も押し込まなければならなくなる。頭部を安全に保つためには頭部にかかる力は小さいほうが望ましいが，ある程度大きくなければエアバッグのサイズ内で静止することができないということを示している。

　つぎの章で説明するが，物が破壊されるには決まった大きさの応力が必要になる。骨や人体も同様であり，どのくらいの力であれば大丈夫なのか知ることが最適なエアバッグの構造には必要になる。つまり安全なエアバッグとするためには，人体に安全な力とエアバッグのサイズを考えて設計する必要がある。

章 末 問 題

【2.1】 仕事の単位として適切なものはどれか。

① N 　　② Pa 　　③ kg·m/s 　　④ J 　　⑤ W

【2.2】 40 W（＝40 J/s）の蛍光灯を 2 秒間点灯するのに必要なエネルギーで，1 kg のおもりを何 m 上まで持ち上げることができるか。

① 8.2 m 　　② 16 m 　　③ 20 m 　　④ 41 m 　　⑤ 82 m

【2.3】 一直線上を速さ v_1, v_2 で同じ向きに運動している質量 m の 2 物体が，衝突してから一体となって運動を続けた。衝突後の速度 v はいくらか。

① v_1 　　② v_2 　　③ $v_1 + v_2$ 　　④ $\dfrac{v_1 + v_2}{2}$ 　　⑤ $2(v_1 + v_2)$

【2.4】 一直線上を速さ v_1, v_2 で同じ向きに運動している質量 m の 2 物体が，衝突してから一体となって運動を続けた。この衝突によって 2 物体の運動エネルギーの和はどのように変化するか。

① 変化しない 　　② $\dfrac{m(v_1+v_2)^2}{4}$ だけ増加する 　　③ $\dfrac{m(v_1+v_2)^2}{4}$ だけ減少する

④ $\dfrac{m(v_1-v_2)^2}{4}$ だけ増加する 　　⑤ $\dfrac{m(v_1-v_2)^2}{4}$ だけ減少する

【2.5】 1 kWh は何 J か。

① 60 J 　　② 1000 J 　　③ 3600 J 　　④ 600 000 J 　　⑤ 3 600 000 J

3

骨　　　折

　ここまでは物体の運動を考えてきたが，物体の変形については考えてこ
なかった。現実の物質は形を変えており，形を変えることを前提としなけ
れば骨折などの物体が壊れることを考えることができない。そのために加
えた力と物体の変形量の関係を理解することが本章の目的である。

3.1　弾　性　体

ここまで物体の運動を考えるときに基本的に質点という大きさのない物体で
考えてきた。

　物体を大きさがない質点として考えることにはメリットがある。それは物理
モデルを単純化して理解しやすくし，計算が簡略化する。だが，単純化してい
るゆえに理論上の解と現実で起きる現象との差異がつねに存在する。もしそれ
が無視できない差であれば，新しい物理モデルを考えることが必要になる。高
い精度で計算結果を現実に近づけるためには複雑な物理モデルにしていくしか
ない。

　さて質点ではなく，大きさのある物体で物理を考えるときには，その物体が
変形するか，変形しないかによって大きく二つに分けられる。変形しないこと
を前提とした物体を剛体という。剛体は変形しないため力の伝わり方をモデル
化しやすい。物理の簡単な問題で出てくる球や床は剛体として登場する。

　一方，変形する物体を弾性体という。現実ではすべての物体は変形する。ど
んなものでも弾性体と考えてよいが，場合によっては弾性体と考えても無駄に

なることがある。変形の度合いは物体によって違いがあるので，想定する物理モデル下の力の範囲では（測定できる有効数字の範囲で）変形しない場合があるためだ。その場合はモデルを複雑にしただけになってしまうので，剛体と考えてモデル化してもよい場合は多い。

　変形する物体である弾性体のわかりやすい例として，バネがある。

　バネは押したり引いたりすると変形する。1 章で触れたように動くためには力が必要となる。また**図 3.1** のように，力をかけた状態でバネが静止しているならバネとバネを変形させる力が釣り合っているといえる。変形させる力を取り除くとバネは元の形に戻るが，そのときの力はバネ自身から生じている。

　この変形させる力 $\vec{F}$ と元の形から変形する長さ $\vec{x}$ の関係は

$$\vec{F} = k\vec{x} \tag{3.1}$$

となる。k は比例係数で，バネ定数と呼ばれる。力の単位が〔N〕，長さの単位が〔m〕のとき，k の単位は〔N/m〕である。**図 3.2** のように力と変位の方向は同じであり，その大きさは比例する。この弾性体における力と変位の関係をフックの法則という。

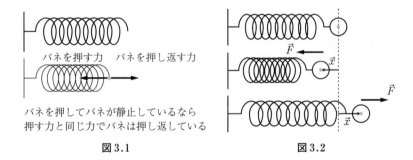

バネを押す力　　バネを押し返す力

バネを押してバネが静止しているなら
押す力と同じ力でバネは押し返している

図 3.1　　　　　　　　　　図 3.2

　さて同じバネを組み合わせて伸びがどのように変わるかを考えてみよう。**図 3.3**(a) のようにバネ定数 k の一つのばねを力 $\vec{F}$ で引っ張ったとき，バネの伸び $\vec{x}$ は

$$\vec{x} = \frac{\vec{F}}{k} \tag{3.2}$$

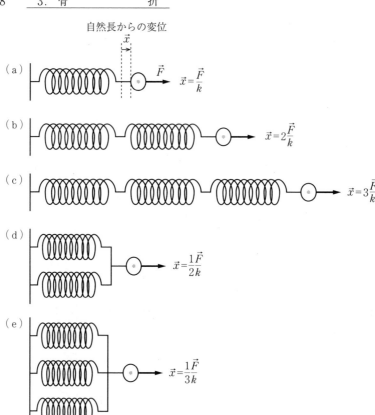

図 3.3 同じバネを組み合わせて同じ力 $\vec{F}$ で引いたとき

となる。

　ではこのバネを直列につなげたときはどうなるか。それは図（b），（c）のように
つなげた数だけ伸びが増える。二つつなげたら 2 倍の伸びになり，三つつ
なげたら 3 倍になる。なぜなら直列につないだどのバネも同じ力で引っ張られ
ているからである。**図 3.4** のように $\vec{F}$ で引っ張られている一つ目のバネは静
止しているので合力が 0，つまり逆側から $-\vec{F}$ で引っ張られている。ニュート
ンの第三法則の作用反作用の法則から二つ目のバネは一つ目のバネを $-\vec{F}$ で
引っ張っているとき $\vec{F}$ の力で引っ張られているので，結局すべてのバネは同
じ力が働き，同じように伸びるのである。

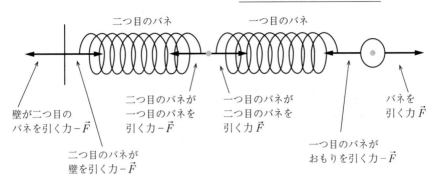

二つ目のバネ　　　　　　一つ目のバネ

壁が二つ目の
バネを引く力 $-\vec{F}$

二つ目のバネが
壁を引く力 $-\vec{F}$

二つ目のバネが
一つ目のバネを
引く力 $-\vec{F}$

一つ目のバネが
二つ目のバネを
引く力 $\vec{F}$

一つ目のバネが
おもりを引く力 $-\vec{F}$

バネを
引く力 $\vec{F}$

図 3.4

　一方，図 3.3（d），（e）のように並列につなげたときは，伸びはつなげた数に反比例する。この場合，バネを引っ張る力が分散されるからである。

　この現象は実感しやすい。輪ゴムをつなげて長くすると変形しやすく，重ねて太くしたほうは強い力で引っ張らなければならない。

3.2　応力とひずみ

　バネではなく物体の変形について考えよう。前に述べたように，すべての物体は弾性体と考えてよい。つまりすべての物体はバネが集まったもののように考えることができる。

　弾性体の変形について式で表現するにはどのように考えるとよいであろうか。ここで注意すべきことは，図 3.3 で説明した性質である。バネが直列になると伸びが増え，並列になると伸びが減る。**図 3.5** のように弾性体全体がバネの性質を持っていると考えると，物体の長さや太さによってかかる力と変位の関係を示すバネ定数の部分が変わることになってしまう。つまり物質ごとの弾性を数値化しても形状によって数値が変化してしまうので，式（3.1）のような力と長さの関係で表すことができない。

　ではどのように考えるか。**図 3.6** のように両端を同じ大きさの力で引っ張るとき，力は棒の断面の中心だけに加わっているにではなく，ハッチングされ

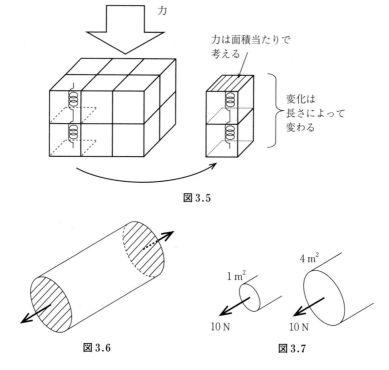

図 3.5

図 3.6　　　　　　　　　図 3.7

た断面全体に, 均等に加わっていると考える。

　かけられた力が面積に均等に分散される。図 3.5 のようにバネが力に垂直な方向に並んでいると考えると, 力を受ける面の面積が大きいほど同じ力でも面積当たりの力は小さくなる。**図 3.7** では 2 本の棒には同じ 10 N の力がかかっているが, 変形の仕方は同じではない。同じ変形にするには右の棒に加える力を 40 N にしなければならない。

　長さによる変形の度合いの違いについて考える。**図 3.8** の左の棒の変形量は元が 1 m で力を加えた後が 1 m 1 mm, 右の棒は元が 2 m で力を加えた後 2 m 2 mm になったとしよう。左の変形量は 1 mm, 右の変形量は 2 mm で長さの上では 2 倍になっているが, 右の棒は 2 倍変形しやすいというわけではない。図 3.3 のようにバネを二つつなげれば伸びが二倍になるので, この二つは同じ変形のしやすさと考えなければならない。

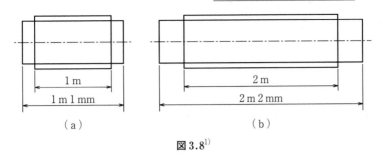

図 3.8[1]

つまり力を面積当たりの力，変形する長さを（力方向，つまり変形する方向
の）長さ当たりの変形量で考えれば物体の形状によらず同じ式（3.1）と同じ
ような形になる（**図3.9**）。こうすることで，形状や材質が定まったものに対
するバネ定数ではなく，素材特有の特性を数値化して一般的な物理現象を表現
することが可能になる。

$$\underset{\text{力を受ける面}}{\overset{\text{力}}{}} \overset{\text{比例係数}}{=} k\ \underset{\text{元の長さ}}{\overset{\text{変形する長さ}}{}}$$

図3.9

このうち変形させるための単位面積当たりの力を応力という。応力 $\vec{\sigma}$ と加
えた力 F，断面積 S の関係は

$$\vec{\sigma} = \frac{\vec{F}}{S} \tag{3.3}$$

である。力の単位を〔N〕，断面積の単位を〔m²〕とするとき応力の単位は
〔N/m²〕となるこの単位は圧力と同じである。また応力や圧力には〔Pa〕（パ
スカル）という単位も使われる。$1\,\mathrm{Pa} = 1\,\mathrm{N/m^2}$ である。

長さ当たりの変形量をひずみという。ひずみ ε と元の長さ L と変形量 ΔL
の関係は

$$\vec{\varepsilon} = \frac{\overrightarrow{\Delta L}}{L} \tag{3.4}$$

となる。ひずみの単位は，「長さ／長さ」となるので，単位を持たない。この
ような単位を持たない物理量を無次元量という。半分や10 % などの比率や（2

回繰り返したときの）2倍などの倍数はひずみと同じく無次元量である。式 (3.3), (3.4) を踏まえて，応力とひずみで図3.9の関係を表現すると

$$\vec{\sigma} = E\vec{\varepsilon} \tag{3.5}$$

となる。これは式 (3.1) の関係と同じでこれもフックの法則という。

E はヤング率と呼ばれる比例係数である。応力の単位を〔Pa〕とすると，ひずみの単位は無次元量なので，ヤング率の単位も〔Pa〕である。ヤング率は材料固有の値であり，その意味はヤング率が大きければ変形しにくい材料ということになる。

ヤング率は材料固有の値である。同じ材料ならば同じように変形するという前提に立てば，例えば骨のヤング率がわかれば，骨に圧縮応力がかかったときの変形量を計算できることになる。もちろん骨の断面積は一定ではなく，**図 3.10** のように変形することで実際には断面積も変化する。またそもそも骨は皮質骨と海綿骨というヤング率の異なる材料からなる複合材料だし，変形させる速さによってヤング率が違ってくるし…と，厳密に解を求めることは簡単にはいかないのであるが，それでも一応の目安にはなる。**表 3.1** のように骨の

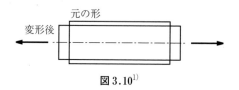

元の形

変形後

図 3.10[1]

表 3.1　いくつかの材料のヤング率

	材料	ヤング率〔GPa〕
骨	大腿骨	17.2
	脛骨	18.0
	上腕骨	17.1
その他の材料	鉄（鋼）	200
	銅	130
	チタン	115.7
	アルミ	70.3
	弾性ゴム	$1.5 \sim 5 \times 10^{-4}$ Pa

ヤング率の値などは明らかになっており，より詳しくは便覧的な本を参照すれ
ばよい。前述したように細かいことをいえばいろいろなことを考慮する必要が
あるが，基本的なことは変わらない。ここではそのような物理的な考え方を学
んで欲しい。

3.3　有 限 要 素 法

　前節の最後で述べたように，厳密な力と変位の物理現象の計算は対象物がき
れいな形をしていないと使えない。つまり**図3.11**（a）のような幾何学的な形
のものには使えるが，図（b）のような骨（に人工股関節をインプラントした
もの）には使えない。式（3.5）が成り立たないわけではなく，断面積やヤン
グ率などが場所場所によって違ってくるからである。そこで幾何学形状を持つ
小さなエレメントを多数寄せ集めて，複雑な形を表現する方法が考え出され
た。エレメントを十分小さくすれば複雑な形状を作れるし，それぞれのエレメ
ントに異なったパラメータ（ヤング率など）を持たせることもできる。そして
エレメントは幾何学形状なので，問題なく前節の計算を行うことができる。多
数のエレメントに対して計算を行い，その結果を総合すれば，図（b）のよう
なものでも，変形や力の具合を知ることができる。このような解析方法を有限

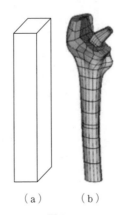

（a）　　（b）

図3.11

要素法というが，手計算で多数のエレメントの計算 → 結果の総合を行うのは無理である。この手の計算はコンピュータの大好物で，しかも現在ではパーソナルマシンでも大容量のメモリ・記憶装置，高速な CPU が使えるので，個人でも有限要素法解析が行えるようになった。学会などで有限要素法の発表があっても恐れる必要はない。アルゴリズムは日々進化しているが，その根っこは「応力とひずみは比例する」であり，式（3.5）なのである。

3.4 応力-ひずみ曲線

材料を引っ張りつつ，そのときの応力とひずみをグラフにすると**図3.12**のようになる。これを応力-ひずみ曲線という。普通，グラフを描くときは原因（応力）が横軸になり，結果（ひずみ）が縦軸になるものだが，応力-ひずみ曲線では逆になっており，そのことに違和感を覚える人もいるかもしれない。このようになっている理由は，一定の速さで材料を引っ張りつつ，そのときの応力（引張り力）を記録するという方法でデータを取得するためである。

図3.12の①と②は別の材料である。ヤング率が大きい材料は①である。同じ応力を与えたとき，①のほうがひずみの量が小さいからである。ヤング率は応力-ひずみ曲線のグラフの傾きとして視覚的に表現できる。

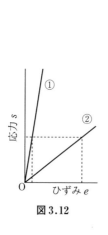

図 3.12

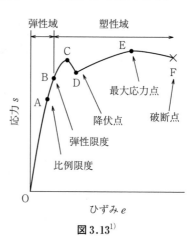

図 3.13[1)]

　さて，材料に力を加え続けてゆくと最終的に材料は破壊される。自然な状態から破壊までの応力-ひずみ曲線が**図3.13**である。応力-ひずみ曲線の形は材料によって異なり，必ず図のようになるとは限らない。固いけど脆い物体，よく伸びる物体，それぞれの応力-ひずみ曲線の形がある。特に骨の場合は引っ張るスピードによっても形が違ってくる。

　図の応力-ひずみ曲線にはいくつか特徴点が見られる。まず点Aは比例限度である。式（3.5）は応力とひずみが比例するというフックの法則であるが，フックの法則はいつまでも成り立つわけではない。どんどん力を大きくしていくと，そのうちフックの法則が成り立たなくなる。点Aはその限界点である。点Bは弾性限度といわれる。弾性とは力を0にすれば変形も0になるということで，点Bがその限界点である。棒を曲げることを考えるとわかりやすい。小さな力（応力）を与えているうちは曲がった棒は元どおりまっすぐになるが，ある限界を超えると棒は曲がったまま元に戻らなくなる。それが弾性限度である。**図3.14**のように力を0にすれば変形も0になる変形を弾性変形，力を0にしても変形が残ってしまう（残留ひずみという）変形を塑性変形という。

弾性変形　　　　　　　　　　　塑性変形

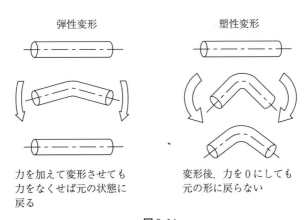

力を加えて変形させても
力をなくせば元の状態に
戻る

変形後，力を0にしても
元の形に戻らない

図3.14

　図3.13の点Cと点Dは降伏点（点Cは上降伏点，点Dは下降伏点）である。降伏点までは応力を増やしていってもひずみの増加は少ないが，ここを超えるとわずかな応力の増加でひずみが大きく増える。ただし明確な降伏点を示

さない材料もある。点Eは最大応力点で，点Fは破断点である。

　応力-ひずみ曲線は，材料の力学特性を顕著に表すものであるから，特に整形外科分野などの研究で見かけることがあるかもしれない。

3.5 さまざまな変形

　力によって物体は形を変えるが，例えば物体が切断されるような変形は圧縮，引張りだけでは説明できない。図 3.15 にさまざまな変形を挙げた。変形を考えるとき，物体にかかる力は（物体が静止しているため）逆方向から同じ大きさでかかっていなければならない。また，変形を考えるときのおもな物理量としては応力が必要になるが，この応力を求めるための断面は変形によって違う面になる。例えば圧縮応力，引張り応力を求める場合，力に対して断面積は力に垂直な面となる。一方，せん断応力の場合は力に対して平行な断面積が必要になる。どちらの場合も応力で単位は〔Pa〕だが，向きが異なることに注意が必要である。

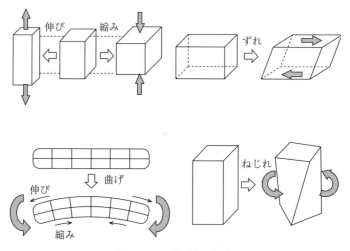

図 3.15　さまざまな変形

3.6　弾性エネルギーと骨折

　2章で説明したように力が働いている方向に移動することは仕事になる。つまり物体を変形させるために力が加わり，変化すれば仕事をしていることになるので，変形にはエネルギーが必要である。弾性変形ならば力を取り除いた後は元に戻るので，変形に使ったエネルギーは，元の形に戻る範囲であれば，物体に蓄えられる。これを弾性エネルギーという。

　例えばバネについて考える。**図3.16**はバネにかけた力とバネの伸びをグラフにしたものである。式（3.1）で示したように伸びと力は比例するので，グラフは直線になる。バネに蓄えられる弾性エネルギーはバネになした仕事に等しい。仕事は式（2.8）で示したように力と距離の内積である。バネは力の方向と変位の方向は同じなので，バネにかけた力と距離を考えればよい。ただし，少し難しいことに，バネにかける力は進んだ距離で変化する。力をかけてバネの伸びがわずかに変化したとき，力がわずかに大きくなっていなければならない。バネにかける力が一定ではないので式（2.8）はそのまま使えない。このような場合，力を距離で積分すればよい。式（3.1）より力は距離に比例する（$F = kx$）ので，この左辺の積分はバネになした仕事Wになり

$$W = \frac{1}{2} kx^2 \tag{3.6}$$

となる。これはちょうど図3.16の斜線部分の三角形の面積である。0.4節と同様に縦軸に〔N〕，横軸〔m〕のグラフの面積はエネルギーになるので，積分計算を考えなくてもグラフからエネルギーを計算することができるのである。

　いよいよ骨折について考えよう。いま，骨の応力-ひずみ曲線が**図3.17**のように得られたとする。図3.13とは形が異なるが，硬くてもろい物質はこのような直線的な応力-ひずみ曲線の形となる。このグラフからまず読み取れるのは骨折のためには17×10^7 Paの応力が必要であるということである。これよりも小さい力であれば骨折には至らない。とはいえ骨の弾性変形の範囲はそ

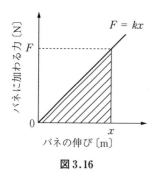

図 3.16

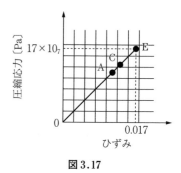

図 3.17

れよりも小さく 10×10^7 Pa くらいなのでそれ以上の負荷は安全ではないといえる。

　つぎに骨折に必要なエネルギーについて考える。応力に断面積を掛ければ力（式 3.3）を，ひずみに元の長さを掛ければ変化した長さ（式 3.4）を算出できる。つまり骨の形状が決まれば，**図 3.18** のように応力-ひずみ曲線を縦軸が力，横軸が長さのグラフに変えることができるということである。このグラフの面積は外からした仕事に等しい。つまり骨折に必要なエネルギーを表していることになる。これがわかれば体重何キロの人がどれくらいの高さから落ちれば骨折するか，どのくらいの速さで物体が衝突すれば骨折するかといった分析が，位置エネルギーや運動エネルギーから推測できることになる。

　最後に骨折つまり骨がせん断する現象について考える。実際に骨折という現象は圧縮や引張りより切断されている状態であることが多い。このために図

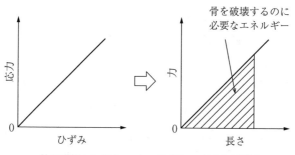

骨の形状から応力 → 力，ひずみ → 長さに変換する

図 3.18

3.15 のせん断応力を考える必要がある。

いま**図 3.19** のように円柱形の骨を両端から力の大きさ F で圧縮したとする。骨が折れる（切断される）ためにはせん断応力を考える必要があり，そのためにはどの面で切断されるかというせん断面とその面に垂直にかかる力からせん断応力を求める必要がある。

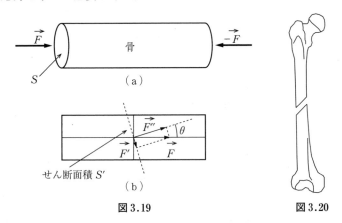

図 3.19   図 3.20

せん断面を図（b）のように考え，断面積 S' の面で切断されると仮定する。骨を圧縮していた力はせん断面に平行な成分である力の大きさ F' と垂直成分の力の大きさ F'' に分解される。F'' はこの面を圧縮する力であり今は使わない。

せん断応力 σ は

$$\sigma = \frac{F'}{S'} \tag{3.7}$$

となる。また S', F' と S, F の関係はそれぞれ

$$S = S' \cos \theta$$
$$F' = F \sin \theta \tag{3.8}$$

である。ここから式（3.7）を S と F を使って表すと

$$\sigma = \frac{F'}{S'} = \frac{F \sin \theta}{\dfrac{S}{\cos \theta \theta}} = \frac{F}{S} \sin \theta \cos \theta = \frac{F}{S} \frac{\sin 2\theta}{2} \tag{3.9}$$

となる。$\sin\theta\cos\theta = \sin2\theta/2$ は三角関数の倍角の公式による。この式はせん断面の角度によって値が変わることがわかる。S と F が定まっているとき，σ が最大となるのは，$\sin2\theta$ が最大のとき，つまり $\sin2\theta = 1$ のときなので，$\theta = \pi/4$ = 45°のとき最大である。

コラム　単位のない物理量

　単位は基本的にそれを求めるための計算方法と同じように求められる。m/s は長さ〔m〕÷時間〔s〕と計算するから m/s になるのである。ひずみは長さ〔m〕÷長さ〔m〕で求められる。m/m は 1 になる。このような物理量を無次元量という。

　無次元量の単位は基本的には表記しないが，現在，SI 組立単位として認められている単位が二つある。ラジアンとステラジアンである。

　ラジアンは角度を表す物理量である。日常的には 360°とか 60°といった値を角度として使うがこれは物理や数学の計算で用いるには不便な量である。360°という数値は利便性を備えているが，360 でなければならないという必然性がないからである。その点，ラジアンは円弧÷半径がその円弧をなす角という必然性があり，計算上の活用の幅が広がる。円周の計算を思い出してもらえればわかると思うが，360°はラジアンで 2π，60°は $\pi/3$ である。ちなみにステラジアンは立体角のことで，球の表面積÷面積で求められる。

　さてラジアンは円弧〔m〕÷半径〔m〕なので，無次元量となる。ただし 1.6 とか 3.1 とか書かれても何の物理量かわかりにくい。そこで 1.6 rad や 3.1 rad というように表すことで角度の物理量であることを表現できる。ちなみにステラジアンの単位は〔sr〕である。冒頭のひずみもわかりやすくする意図で単位を付けて表記する場合がある。0.01 ε や 0.01 ST などである。

　無次元量に単位を付けることによって起きる問題は単位を計算する際に矛盾が生じることである。ひずみの ε を単位だと考えて計算すると式（3.5）などで単位を考えるときにおかしくなってしまう。それゆえ，ひずみの単位はわかりやすくする意図以外ではあまり使われない。一方，無次元量の中でもラジアンとステラジアンは角速度を rad/s と表すように応用性が高く，また表記しなければわかりにくいため単位として認められている。

この結果は**図 3.20**のように 45 度の角度でせん断，つまり骨折しやすいことを示す。このように骨折も物理的に考え，その現象を理論的に解析することができる。ただし，ここで示した分析はかなり近似的なものであり，3.2 節に記したようにさまざまな理由で正確ではなく，精度の高い結果を要求する場合はより正確なモデリングを必要とする。

章 末 問 題

【3.1】　断面積 $10\,\text{cm}^2$ の物体を両側から $10\,\text{N}$ の力で圧縮した。圧縮応力はいくらか。

①　0.1Pa　　②　1 Pa　　③　10 Pa　　④　100 Pa　　⑤　10 000 Pa

【3.2】　元の長さ 1.5 m のものを引っ張って 1.8 m にした。このときひずみはいくらか。

①　0.1　　②　0.2　　③　0.3　　④　0.8　　⑤　1.2

【3.3】　下記の中から間違っているものを選べ。

①　物体に変形させるための力をかけているとき，単位面積当たりの力を応力という。

②　応力の単位は〔N/m^2〕または〔Pa〕（パスカル）で $1\,\text{Pa}=1\,\text{N/m}^2$ である。

③　長さ当たりの変形量をひずみといい，単位は〔m〕である。

④　ヤング率は材料固有の値であり，ヤング率が大きければ変形しにくい材料である。

⑤　弾性変形の範囲において応力とひずみは比例する。

【3.4】　鉄のヤング率（応力と歪みの比）は約 $2\times10^{11}\,\text{N/m}^2$ である。長さ 10 m，断面積 $1\,\text{cm}^2$ の鉄棒に 100 kg の分銅をつるすと，その伸びはほぼ何 mm か。　（第 2 種 ME 技術実力検定試験　第 21 回）

①　0.05　　②　0.5　　③　2　　④　5　　⑤　20

4

ドップラー血流計　～波とその物理量～

　救急車が通り過ぎるときサイレンの音が変化する。これは立派な物理現象であり，これには波がかかわっている。単に物体が上下に振動するものだけでなく，音波，光を含む電磁波も波である。波は物理の一大トピックであり，医療技術への応用範囲も幅広い。

4.1　　　波

　図4.1のようにひもの片一方を何かに固定し，もう一方を持ってひもを張り上下に動かすとその動きが先に伝わっていく。何かが移動しているように見えるが，ひも自身は長さが決まっており，固定されているのでひも自身が先に進んでいるのではない。

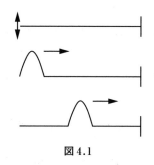

図4.1

　伝わっているのは上下に動くという運動である。ひもの一部が上下に動くという動きがひもの先に伝わっている。これまでにやってきたように物体が動くためには力が必要であり，エネルギーも必要である。物理で波と呼ばれるもの

にはいろいろあり，電磁波のような物が振動する波でないものもある。だがいずれの波もエネルギーを伝搬している。

波には縦波と横波がある。他にもいろいろな分類があるが，とりあえず縦波と横波について理解しておこう。

波を伝えるものを媒質いう。横波とは海の波のようなもので，媒質（ここでは水）が上下に振動するだけで，波の進行方向には動かない。海に捨てられたペットボトルが同じ場所で上下に揺られているのを見たことがあるだろう。つまり波の進行方向に対して媒質が垂直（横）に振動しているものが横波である。

それに対して縦波は媒質が波の進行方向に対して平行（縦）に振動している。それによって媒質の疎なところと密なところができる。ここから縦波を疎密波ということもある。図 4.2(b)の下の図は縦波の疎密をグラデーションで表現したものである（色が濃いほど密，薄いほど疎）。

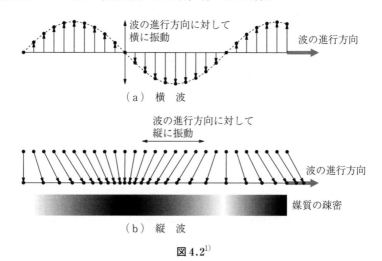

（a）横波

（b）縦波

図 4.2[1)]

縦波と横波を決めるのは波のエネルギーが伝わる方法である。図 4.3 のように横波の場合は媒質が動く方向と波の伝わる方向が異なるので，媒質の間に相互作用が必要になる。それゆえ横波が起こる場合は物体の粒子と粒子が接続されているとき，つまりおもに固体の場合である。一方，縦波は媒質の動く方

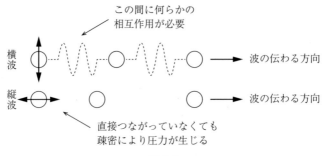

図 4.3

向の媒質に作用すればよいので，直接つながっていなくても疎密の状態が圧力の変化を生み出しエネルギーを伝える。それゆえ液体や気体を媒質にして波が伝わるときは縦波になる。液体や気体は粒子間の相互作用が小さいためである。また固体でも疎や密の状態は生まれるので縦波は発生する。また本章では詳しく説明しないが，光や電磁波は横波である。

4.2　音波と超音波

さて音は振動するエネルギーを耳に伝えるものである。エネルギーが伝わるので聞こえる。また音を出すときにはエネルギーが必要になる。音を音波と超音波に分けて扱うことがよくあるが，音波も超音波も物理的な違いはない。違いは人間に聞こえるかどうかだけである。人間に聞こえる音を音波といい，聞こえない音（の中で周波数が音波よりも高いもの）を超音波という。超音波は周波数が高すぎて人間には聞こえない。例えば犬やコウモリなどは人間には聞こえない音（超音波）を聞くことができる。彼らは超音波を感じることができる特殊能力を持っているわけではなく，人間とは可聴域が異なるというだけであり，彼らにとっては超音波も単なる音波である。しかしとりあえず音波と超音波は人間基準で分けられている。人間が聞くことのできる周波数範囲は 20 Hz〜20 kHz といわれており，それが音波である。それ以上の周波数の音は超音波となる。

音波と超音波は，空気を媒質として伝わるので，どちらも縦波（疎密波）である。どちらもといったが上に述べたとおり音波と超音波に物理的な違いはなく，人間の聴覚基準で分類されているだけなので，同じ縦波になるのは当然である。音を伝える媒質は，空気，水，固体などいろいろとあり，特に弾性体を媒質とした場合，内部を伝わる音波は横波になることがある。したがって（超）音波＝縦波というのは厳密には間違いであるが，とりあえずは（超）音波＝縦波と覚えておいて問題ない。少なくとも空気などに対しては（超）音波は縦波である。スピーカーのコーンの振動や，大きな音のためにガラスが振動したりすることを想像すればイメージしやすいであろう。

　（超）音波を考えるのなら，縦波を考えていかなければならない。しかし縦波というのは図示が大変難しい。そこで以下では横波で説明を続ける。どのみち縦波も横波も基本的な式などは一緒である。

4.3　波　の　物　理　量

　波に関する基本的な物理量について説明する。これらは縦波でも横波でも成り立つ。

　繰り返される波の一つ分の波の長さを 1 波長という。また時間当たりに生じる波の数を周波数という。波の速度を v，波長を λ，周波数を f とする。このとき

$$v = f\lambda \tag{4.1}$$

が成立する。v の単位が〔m/s〕，λ の単位が〔m〕のとき，f の単位は〔Hz〕（ヘルツ）である。ヘルツは秒の逆数で，1 Hz＝1（1/s）である。1 秒間に一つの波が 5 回現れるとき 5 Hz となる。

　図 4.4 は波の進むイメージである。このイメージを持って**図 4.5** を眺めよう。図 4.5 では，波長 λ の波が 1 秒間に A から B に進んだものを表している。この図では三つの波が描かれている。1 秒間進む距離の間に波が三つあるということは，ある点を 1 秒間に通過する波の数は 3 ということである。つまり周

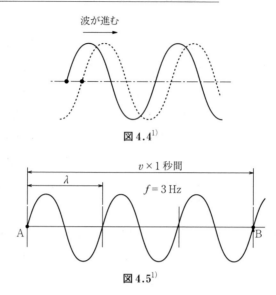

図 4.4[1]

図 4.5[1]

波数 $f = 3\,\mathrm{Hz}$ である。AからBまでの距離は波長 λ が三つ分なので，1秒間に速度 v で進む距離と一致しており，このように考えれば式（4.1）が成り立つであることがわかる。

　音が媒質を通過するときの波の速度を音速という。水中および生体軟組織中の音速は $1500\,\mathrm{m/s}$，空気中の音速は $340\,\mathrm{m/s}$ である。じつをいうと，例えば空気中の音速は気温に影響されるので，$340\,\mathrm{m/s}$ というのはある条件のとき（約 $14\,\mathrm{℃}$）だけなのだが，とりあえずこのように覚えておいて問題はない。

　音の周波数は音の高低の聞こえ方に影響する。ちなみに音速は周波数とは無関係で，媒質によって決まる。このことは，音楽がどんな温度下で聴いても同じように聴こえることからわかるだろう。

　波の物理現象として，反射，屈折，減衰・吸収といった性質がある。これらの性質について，反射は5章で詳しく，屈折は6章で詳しく，吸収・減衰は7章で詳しく扱う。

4.4　ドップラー効果

　救急車が近づいてくるときサイレンの音が高く感じられ，すれ違って離れていくときはサイレンの音が低く感じられるという経験は誰でも持っているだろう。これをドップラー効果という。音が高く感じられるとは，観測者にとってサイレンの周波数が高くなるということであり，音が低く感じられるとは，観測者にとってサイレンの周波数が低くなるということである。救急車が出しているサイレンの音の周波数fは一定だが，観測者はそれとは違った周波数f'の音を聞く。ドップラー効果は音源が動いているときだけではなく，音源が止まっていて観測者が近づいていくとき，または離れていくときにも起こる。もちろん両者ともに動いているときにもドップラー効果は起こる。

　このドップラー効果は音だけではなく波に起こる物理現象である。光も波であるのでドップラー効果が起きる。それによって宇宙が膨張しているという仮説が生み出された。

　ドップラー効果による周波数変化は次の式で与えられる。

$$f' = f\frac{c \pm v_o}{c \pm v_s} \tag{4.2}$$

f'〔Hz〕：観測者が聞く音の周波数，f〔Hz〕：音源の周波数，c〔m/s〕：音速，v_o〔m/s〕：観測者（observer）の速度，v_s〔m/s〕：音源（source）の速度

　　$c \pm v_o$　→　近づこうとすれば＋，遠ざかろうとすれば－

　　$c \pm v_s$　→　近づこうとすれば－，遠ざかろうとすれば＋

　これは観測者と音源の動きが同一線上にある場合に成立する式で，そうでない場合はさらに複雑な公式が必要になる。これから式（4.2）について説明するが，ややこしい数学を使うものではなく，物理らしい理詰めのストーリーなので，ぜひ読み飛ばさないで理解し納得してもらいたい。

　まずは図4.6(a)のように音源が静止しており，観測者が音源に近づいている場合を考えよう。ポイントは音源から見ても観測者から見ても音の波長λが

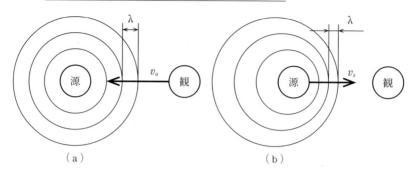

（a）　　　　　　　　　　　　　（b）

図4.6

同じだという点である。音源から出た音に関しては波長λに関して$c=f\lambda \cdots$①が成り立つ。観測者が音源に近づいているのだから観測者が聞く音に関しては音速が$c+v_o$になっている。それに伴って周波数はf'となるが波長はλで変わらない。したがって$c+v_o=f'\lambda \cdots$②となる。①から$\lambda=c/f$となるのでこれを②に代入して整理すると$f'=f(c+v_o)/c$となる。今の場合は観測者が音源に近づいたわけだが，もし離れていくとすると$c+v_o$が$c-v_o$となる。以上で式（4.2）の半分まで作ることができた。

　つぎに図（b）のように観測者が静止しており，音源が観測者に近づいている場合を考えよう。音はどの方向へも同じ速度で広がっていくが，音源が右側にv_sで動いているので，音源から見た右方向の音速は$c-v_s$である。音源は周波数fの音を出しているのだから$c-v_s=f\lambda \cdots$③となる。一方，観測者が聞く音に関しては$c=f'\lambda \cdots$④となる。④から$\lambda=c/f'$となるのでこれを③に代入して整理すると$f'=fc/(c-v_s)$となる。音源が観測者から離れていく場合は音源から見た音速は$c+v_s$となる。

　以上，まとめると**図4.7**のようになる。これらの場合を組み合わせると式（4.2）ができあがるわけである。

　もしかすると，（あれほどいったのに）あなたはこの説明を読み飛ばしているかもしれない。しかし特に難しい数学が出てくるわけでもないし，物理嫌いな人もミステリーの謎解きのノリで式の流れを追ってみてもらいたい。

図 4.7

4.5　ドップラー血流計

　波は別の物に当たると反射する。具体的にどのようなときに反射するかはつぎの章で説明するとして，ドップラー効果は反射した波でも起こる。つまり音源と観測者が同じ場所にあっても音源から出て「ある物」に当たり，跳ね返ってきたとき周波数に変化があれば，「ある物」がある速度で運動していることがわかる。

　この原理は，物体の速度の計測に大きな場所を必要としないため，野球ボールの速度を測るスピードガンなどに利用されている。野球ボールの速度を測る場合は音波ではなくマイクロ波という電磁波が利用される。

この原理を用いると体の中の血液の流れる速度を測定することも可能になる。超音波を体外から体内に照射して赤血球で反射した音の周波数の変化を測定し、そこから計算することで血流を知ることができる。このような装置をドップラー血流計という。

図4.8のように超音波プローブが血流に対してθの角度で周波数fの超音波を発生させる。血管内を速度vで流れる赤血球で反射した超音波はプローブで周波数f''として受信される。そのときf''とfの差（$\Delta f = f'' - f$，ドップラー偏移と呼ばれる）は

$$\Delta f = f\frac{2v\cos\theta}{c} \tag{4.3}$$

したがって

$$v = \frac{\Delta f c}{2f\cos\theta} \tag{4.4}$$

f：プローブが発射した超音波の周波数，θ：血流と超音波の進行方向がなす角，v：血流速，c：生体内での音速

と表される。

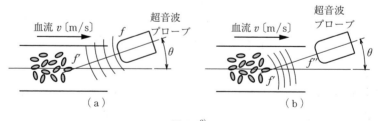

図4.8[2)]

原理を説明しておこう。図(a)で赤血球が聞く（？）超音波の周波数f'は、赤血球を音源に向かってvで移動する観測者として考えると前節のドップラー効果の式から

$$f' = \frac{c+v}{c}f \tag{4.5}$$

となる。図 (b) ではこれが反射されるので，つまり赤血球が周波数 f' の超音波を発生しておりそれをプローブが f'' として聞いていると見なせる。つまり f' の周波数を発する音源が v で静止している観測者に近づいている。

$$f'' = \frac{c}{c-v}f' \tag{4.6}$$

この二つの式を合わせると

$$f'' = \frac{c+v}{c-v}f \tag{4.7}$$

となる。ドップラー偏移は

$$\Delta f = f'' - f = f\left(\frac{c+v}{c-v}-1\right) = f\frac{2v}{c-v} \tag{4.8}$$

となる。この式の $c-v$ であるが，c は生体内での音速で 1500 m/s，v は血流速であり大動脈でも最高 1 m/s 程度であるから $c-v \fallingdotseq c$ としてよい。つまり

$$\Delta f = f\frac{2v}{c} \tag{4.9}$$

となる。以上は血流と超音波の進行方向が同じ場合（$\theta = 0$）の話であるが，θ が 0 でない場合は式（4.3）で解けばよい。

　図や式から当然のことであるが，血流がプローブ方向に流れているときはプローブが受信する周波数 f'' は元の周波数 f より高くなりドップラー偏移 $\Delta f = f'' - f$ はプラスである。逆に血流がプローブと逆方向に流れている場合は Δf はマイナスになる。また超音波の発射方向が血流と直角（$\theta = 90°$）のときは Δf は 0 となって血流量測定ができなくなる。

　血流の方向と速度を色で表示したものはカラードップラーと呼ばれる。近づく血流を赤，遠ざかる血流を青で表し，速度は明るさ（輝度）で表す。逆流などが視覚的に表現できるが，エイリアシングという一種のノイズが発生する場合がある。

　このように，医療現場で活躍する医療機器と，あなたが道ですれ違う救急車のサイレンの音の変化は同じ原理なのである。

コラム　普通の波は特殊

　波には復元力が必要になる。固体は自身の形状を維持する形で弾性力が働く，液体や気体は自身の圧を一定に保とうとする。元の状態に復元しようとする力，復元力があるために波が生じる。液体や気体では，その粒子の動きと垂直方向にある粒子の間に復元力が働かないために液体や気体では横波は生じないという説明を4章でしてきた。（だが気体や液体といえども垂直方向に全く相互作用がないというわけではなく，その範囲では横波が観測される。）

　さて物理学でない一般的な波というと海や湖などで生じる波のことである。波の進行方向に対して水の粒子は垂直に動いているように見えるので，この空気と水の境界線に生じる普通の波は横波のように見える。

　ここで空気と水は横波を生じないはずの気体と液体である。しかし，重力によって液体の表面が水平に保たれようとする力（液体と気体に働く重力の差）が復元力となり横波のような波を発生させているのだ。だが水面の復元力はやや特殊であり，水面に発生する波もやや特殊な波となる。実際には水面に発生する波は縦波と横波が混ざった波となる。水面の粒子一つに注目するとその動きは楕円形の動きとなる。このような波は水面波と呼ばれる。

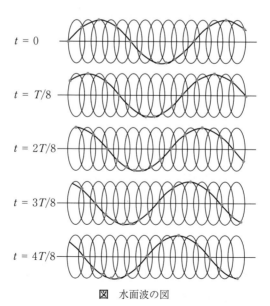

図　水面波の図

章　末　問　題

【4.1】　波の周波数の単位として適切なものはどれか。

① M　　② Hz　　③ W　　④ rad　　⑤ Pa

【4.2】　下記の中から間違っているものを選べ。

① 周波数が大きくなると音は高く聞こえる。

② 救急車がサイレンを鳴らしながら近づいてくると，聞こえる音の周波数は元の周波数よりも高く聞こえる。

③ 救急車がサイレンを鳴らしながら遠ざかっていくと，聞こえる音は元の音より低く聞こえる。

④ ドップラー効果は音だけに起こる物理現象である。

⑤ ドップラー効果は反射した波でも起こることを利用して，血流計や速度計に応用される。

【4.3】　生体軟部組織中を伝搬する 3 MHz の超音波の波長はおよそ何 mm か。ただし，生体軟部組織は水中と同じ速度で音波が進むとし，水中の音速を 1500 m/s とする。

① 45 mm　　② 3 mm　　③ 0.5 mm　　④ 0.45 mm　　⑤ 0.3 mm

【4.4】　音速の 1/25 の速度で移動している観測者を，その後方から音源が音速の 1/5 で追いかけるとき，観測者が聞く音の周波数は音源の出す音の周波数の何倍か。（臨床工学技士国家試験　第 27 回）

① 1/5　　② 5/6　　③ 6/5　　④ 5　　⑤ 125

5

超音波診断装置　〜音の反射とエネルギー〜

　超音波診断装置（超音波エコー）と呼ばれる医療機器がある。これは非侵襲的に体内の像を得るための装置である。これには名前のとおり超音波が利用されている。本章では超音波を使ってどうやって体の中を見ることができるようになるのかについて扱う。

5.1　音で距離を測る

　前章で音速は空気中で 340 m/s，水中では 1500 m/s と説明した。空気中で音は出せば 1 秒後には 340 m 先に到達している。そこに障害物があって，音が障害物で反射すれば元の場所に変えるまでまた 1 秒かかる。つまり音が発してから 2 秒後に音が返ってくれば，障害物までの距離は 340 m だということがわかる。

　障害物までの距離を L，波の速度を v，音が返ってくるまでの時間を t とすると

$$L = \frac{vt}{2} \tag{5.1}$$

である。山の上で，向かい側にある山に向かって，ヤッホーと叫んで山びこが帰ってくれば，これを利用して向かい側の山までの距離を求めることができる。

　反射音を使って距離を測ることにはいくつかのメリットがある。その大きな一つは非接触で計測できることである。山のように遠すぎる物や生体内部のよ

うに直接触れない物までの距離も測ることができる。

　反射波を使って距離を測る手法には精度の限界がある。その限界は波長に依存する。例えば 1000 Hz の音であれば，式（4.1）から波長は 34 cm となる。この波長よりも短い長さ精度で正確に計測することができない。これは音だけでなく波の特性であり，光に関しても同じである。光で物体を見るときは物体に当たった反射光を見ている。つまり可視光の波長である 400 ～ 800 nm のサイズのものが反射光で見ることができるサイズの限界である。光学顕微鏡で観察できる分解能がこれにあたる。

　反射音を使った距離計測の分解能を挙げるためには音の周波数を高くすればよい。それゆえ高い周波数の超音波が用いられる。例えば 40 kHz の超音波であれば空気中での分解能は 8.5 mm まで小さくできる。

5.2　波　の　反　射

　波が物体に当たり反射するとき，入射角と反射角は**図 5.1** のように反射面と垂直の法線となす角と定義される。波が反射するとき入射角と反射角は等しい。

　この現象は音波に限らず，水面波，電磁波，光でも同じように起こる。

　反射は反射面で起こるというように説明したが，この反射面は必ずしも固い物質とは限らない。空気中の音が硬い金属にぶつかっても反射するが，固い金

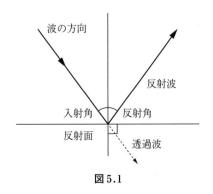

図 5.1

属中を伝わる音が空気との境界（金属の末端）にぶつかっても反射する。波を伝える媒質が異なる境界面で反射が起きるのである。

　ここで媒質が異なるというのは，単に物質が異なるという意味ではなく，波からみて異なる性質の媒質という意味である。音波にとっての媒質の性質を音響インピーダンスという。インピーダンスとは電気回路で出てくる言葉で，意味は電気抵抗，すなわち電流の通りにくさである。ある条件において電気系と音響系は同じ微分方程式で表現することができる（電気音響類似）。そのとき電気系でインピーダンスに相当する量を音響系では音響インピーダンスと呼び，簡単にいうと音の通りにくさを表している。

　この音響インピーダンスが異なる境界面では反射が起き，同じ音響インピーダンスであれば音波としては同じ物質でありそこでは反射は起きない。

　図5.2のように音響インピーダンス Z_1 の媒質を通って，音波が音響インピーダンス Z_2 との境界面に到達した。このとき，波のエネルギーの一部は反射し，残りは透過する。境界面でどのくらい波が反射するか（反射係数 S）は

$$S = \frac{Z_1 - Z_2}{Z_1 + Z_2} \tag{5.2}$$

となる。反射係数は，0（反射なし）から1（全反射）の値をとる。$Z_1 < Z_2$ の場合は S は負の数になるのではないか。そのとおりだが，その場合も正の数で表し，反射波の位相が180度ずれると解釈すればよい。

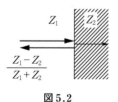

図5.2

　式（5.2）は境界面を作る媒質の音響インピーダンスの差が大きいほど反射係数が大きくなることを示している。音響インピーダンス Z は，媒質の密度 ρ と音速 c を使って

$$Z = \rho c \tag{5.3}$$

で表される。ρ の単位が〔kg/m³〕，c の単位が〔m/s〕のとき，Z の単位は〔kg/(m²·s)〕となる。音響インピーダンスは物質固有のパラメータである。

　光の反射の場合は屈折率というパラメータが境界面を判断する物理量となる。これについては次章で扱う。

　また音の特殊な反射として**図 5.3**のような開放管の境界で反射するという現象もある。管の境界では媒質は同じものであり音響インピーダンスの差はないが反射が起こる。身近な例としては管楽器などでこの現象が起きている。

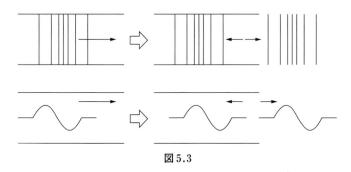

図 5.3

5.3　音のエネルギーと聞こえ方

　音の大きさの表し方にはいくつかある。

・振幅：音波の原点からの変位量。

・音圧：1 周期間の圧力変化の 2 乗平均平方根。単位はパスカル〔Pa〕。

・音圧レベル：音圧の基準値との比の対数。単位はデシベル〔dB〕。

・エネルギー密度：単位面積を単位時間に通過する音のエネルギー。単位は〔W/m²〕。

　静かな室内とコンサートの大音響では，エネルギーとして 10 万倍程度の違いがあるのだが，われわれの耳はそれを 10 万倍とは感じない。人間の知覚に関して，スティーブンスのべき法則というものがある。感じ方はべき乗，つまりある量を 10 倍したときとその量を 10 倍したときでは同じ量の変化を感じるというものである。例えば**図 5.4**の上図はエネルギーを数直線で表していて，下図は感じ方を数直線で表している。上図の数直線では 1 と 10 の間隔と 10 と 100 の間隔は全然違うものだが，感じ方のほうでは 1, 10, 100 と推移していくとき，その変化は同じように感じる。この考え方での表現法が音圧レベルであ

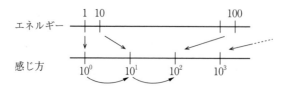

10^0 から 10^1 と 10^1 から 10^2 は変化量だと感じる

図 5.4

る。20 dB と 40 dB，40 dB と 60 dB ではエネルギーはそれぞれ 10 倍異なるが同じ変化量の差と感じる。同じように感じ方をベースにした表現方法は，例えば地震の揺れの大きさを表すマグニチュードや星の明るさを表すものなどが挙げられる。

　さらに人間は音の周波数によって音の感じ方が異なる。周波数による感じ方の大小を考慮した表現法が phon（ホン）がある。これは聴覚の等感曲線の国際規格 ISO226 に定められている。1 kHz，20 dB の音の大きさを 20 ホンとして，この大きさを覚えてもらう。被験者に 100 Hz の音を聞かせ，さっきと同じ大きさになるようにボリュームを調整してもらうと 45 dB 程度になる。これを多くの人にいろいろな周波数，ボリュームで繰り返しテストしてできあがったのが図 5.5 である。

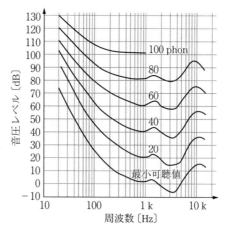

図 5.5

5.4 超音波診断装置

　超音波は音響インピーダンスが変化する界面で反射する。**図5.6**のように体表から超音波を照射すると，超音波は体内の臓器で反射して戻ってくる。山びこと同じである。山びこは英語でエコー（echo）であるから超音波画像計測は超音波エコーと呼ばれる。

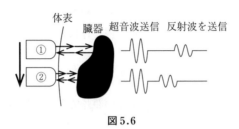

体表 臓器 超音波送信 反射波を送信
①
②

図 5.6

　図中①では臓器表面が深いところにあるのでエコーが帰ってくるまで時間がかかるが，②では臓器表面が浅いのでエコーが帰ってくるまでの時間は短い。この時間を測定すれば式（5.1）により体表から○○ mm の深さに何かがあることがわかる。━ΛΛ━━━ΛΛ━━ を A モード像といい，横軸は時間または体表からの距離，縦軸は超音波の振幅となる。A モードは超音波画像計測の基礎データであるが，いまひとつわかりにくい。そこで図中 ① → ② のように超音波プローブを動かして（走査，scan）何度も計測を行い，得られた反射波を縦に並べる。これは臓器の形になるはずである。ただし反射波をそのまま並べても仕方がないので，反射波の振幅を画像の明るさに変換して表示することにする。これを B モード像という。われわれがよく目にする超音波エコー画像はこれである。超音波断層像と呼ばれることもある。ちなみに A モードは amplitude（振幅），B モードは brightness（輝度）の頭文字をとったもので，アルファベット順に名前をつけたわけではない。

　超音波画像計測にはもう一つ M モードというものがある。M は motion（動き）の M である。━ΛΛ━━━ΛΛ━━ の反射波の強さ（振幅）を画像の明るさに変

換し，同じ場所で何度も計測を繰り返すと，その場所の動きを表すアニメーションが得られる。Mモードを使えば心臓弁や心筋，胎児などの動きをリアルタイムに観察できる。

　超音波の反射は音響インピーダンスの違いがある界面で生じる。例えば空気の音響インピーダンスに比べ水の音響インピーダンスは数千倍大きい。このため超音波を発する超音波プローブと体の間に空気が介在すると，ほとんどの超音波が反射してしまい，体内に入っていかない。そこで超音波プローブの先にジェルを塗布して空気が入らないようにしている。このジェルは体の音響インピーダンスと近い値にしているため超音波が体に入るまでの界面で反射が起こりにくい。

　反射に関しては体の中でも同じことがいえる。反射は界面で起こるため，プローブからの距離がわかるのは界面までの距離である。体の軟組織は音響インピーダンスが近い値のため，**図5.7**のように一部が反射し残りが透過するという形で内部まで反射と透過を繰り返すので内部の形状（影）を得ることができる。だが途中で音響インピーダンスが大きく異なる骨や空気があるとそこで超音波はほとんどが反射してしまうため，それ以降の状態を知ることができない。

　音響インピーダンスは式（5.3）のとおりに密度が影響する。生体内でいえ

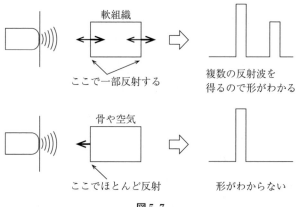

図5.7

表 5.1

物　質	伝搬速度 v〔m/s〕	音響インピーダンス〔$\times 10^6$ kg/m^2/s〕
空気（0°，1気圧）	331	0.0004
水	1480	1.48
血液	1570	1.61
脳	1541	1.58
脂肪	1450	1.38
筋肉	1585	1.70
頭蓋骨	4080	7.80

ば音響インピーダンスが大きいのは骨であり，密度も音速も大きい。逆に小さいのは空気を多く含む肺であり，肺は構造も複雑なため音の減衰も大きい。

　このため超音波エコーで体内の形状をきれいに得ることができる箇所は骨と空気がない部分となる。肺，食道，胃，腸には空気があるため，脳には骨があるため超音波エコーできれいな臓器の画像を得ることは難しい。超音波エコーが多く使われる場面は胎児の状態を知る検査と肝臓，胆のう，膵臓，脾臓，腎臓の検査である。例えば何らかの病気で肝臓の組織が異常な状態になると固くなるなど構造が変わるので音響インピーダンスが変化し，エコーで異常が発見できる。また骨の手前にある筋肉や腱の状態を知ることにも使われる。

　ところで，超音波エコーで描く像の縦方向（超音波の進行方向）の分解能は5.1節で触れたように超音波の波長に依存する。生体内での音速はおよそ1500 m/s なので 1 MHz で 1.5 mm の分解能となる。厳密には 1 波長ではなくいくつかの波をまとめて 1 パルスとして発するので実用的な分解能はこれより粗い。周波数を高くするほど分解能が上がるのだから周波数を高くするほうが良いと考えるかもしれないが，周波数を高くすると別の問題が生じる。周波数を高くすると超音波が減衰しやすくなるのである。

　超音波の減衰は別の観点から見ると生体に超音波が吸収されていることになる。波はエネルギーなので，減衰時には生体にエネルギーが吸収されている。吸収されたエネルギーはおもに熱に変わるが，この熱の上昇が生体に悪影響を

及ぼすかどうかが，超音波の安全基準になる。分解能を上げるため周波数を上げると，減衰しやすくなるので超音波の強度を上げる必要が出てくる。そうすると安全基準に引っ掛かる可能性があるので周波数をむやみに上げることはできない。実際の装置で使われている周波数も数 MHz から 20 MHz 程度であり，観察したい部分の深さによって周波数を使い分けている。

健康診断などでお世話になる超音波エコーの原理は，ハイキングでのヤッホー！と同じなのである。

コラム　ヘリウムでなぜ声が変わる

ヘリウムを吸って声が高くなるパーティグッズがある。これはなぜ声が変わるのであろうか？

音が高く聞こえるためには，周波数が変わっている必要がある。しかし媒質が変わっても周波数が変わることはない。音源の振動が同じであれば媒質が変わっても伝わる音の振動が同じになるので周波数は変わらないのだ。

空気とヘリウムの音波の媒質として違いは音速にある。空気の音速が約 340 m/s に対してヘリウムは約 1000 m/s である。ではこの違いが発生する音の高さにどう影響するか。それは音が出る仕組みの一つである共鳴に関係する。

笛などを吹いてある高さの音が出るしくみは共鳴にある。これは管の長さと波長の関係から決まった高さ（周波数）の音だけが大きくなるというものだ。笛などで押さえる穴を変えると管の長さが変わるので対応する音の高さが変わる。これが笛の音が出る仕組みである。

人の声も同じように喉で共鳴して生じる。ある波長の音が大きくなるようになっているが，ヘリウムで満たされると音速が変わるため（式 (4.1) より $\lambda = v/f$）共鳴する周波数が変わることになる。

ヘリウム中で楽器を鳴らしたときも同じように考えると，管楽器は音が高くなり，打楽器や弦楽器は音が高くならないことが推測できる。

ちなみにヘリウムと空気の音速の違いは 3 倍くらいであるが，パーティグッズのヘリウムには酸素が入っているため発声音の周波数は 3 倍も変化しない。これは酸素が入っていないと酸欠になる危険があるからである。実際，吸引用ではないヘリウムによる死亡事故もあるので注意してもらいたい。

章　末　問　題

【5.1】　水中の音速として最も近いものはどれか。

① 100 m/s　　② 340 m/s　　③ 1500 m/s　　④ 6000 m/s

⑤ 3×10^8 m/s

【5.2】　空気中で手元から音を鳴らして，壁から反射した音が 0.1 秒後に聞こえた。音速は空気中で 340 m/s で進むとき，手元から壁までの距離はいくらか。

① 17 m　　② 34 m　　③ 170 m　　④ 340 m　　⑤ 3400 m

【5.3】　下記の中から間違っているものを選べ。

① 音波はおもに横波で空気中を進む。

② 音速は空気中より水中のほうが速い。

③ 音響インピーダンスが異なる境界面では音波の反射が起きる。

④ 開放管の境界では同じ音響インピーダンスの媒質でも反射が起きる。

⑤ 異なるインピーダンスを持つ境界面では音響インピーダンスの差が大きいほど反射係数が大きくなる。

【5.4】　超音波パルス法において，送信パルスから 160 μs 後にエコー信号が得られたとき，対象物は探触子からおよそ何 cm の距離にあるか。ただし，媒質中の音速は 1500 m/s とする。（第 2 種 ME 技術実力検定試験　第 28 回）

① 4　　② 8　　③ 12　　④ 16　　⑤ 24

6

ファイバースコープ 〜光と反射と屈折〜

　　光ファイバーは遠くまで光を届かせるものであり，光を低い減衰量で遠くまで速く運ぶことができるので信号伝達に用いられることが多い。光ファイバーは経路を自由に曲げても光を運ぶことができるので，体内を光学的に観察するファイバースコープに用いられてきた。光ファイバーの原理は反射させて光を運ぶが，それには屈折が大きく関わる。

6.1　　　　光

　　光とは人間が視覚で知覚できるものをいう。厳密には知覚できる光を可視光線といい波長 380 nm から 780 nm あたりの範囲を指す。可視光線よりも波長が短い 10 nm あたりまでの光を紫外線といい，波長が長いほう（1 mm 程度まで）の光を赤外線という。周波数は波長に反比例するので，紫外線のほうが周波数は高く，赤外線のほうが周波数は低い。人が認識できるというだけで，赤外線も可視光線も紫外線も物理的には周波数が異なるだけの同じ光である。

　　光の速度のことを光速という。光速については有限なのか無限なのかを含めてさまざまな考え方が存在した歴史がある。地球上では光速を計測するのはしばらく難しかったので，速度があることがはっきり認められるようになったのは天文学が発達してからである。木星の食周期からレーマーが，光行差からブラッドリーが光速をそれぞれ計算した。地球上ではフィゾーが 1849 年に歯車とレンズを利用した機器を使って光速を計算した。このあたりの話は調べてみると面白いと思う。

　　光が地球上で高精度に測定できるようになってくると，地球の自転速度に対

して光の速度が変化するかという実験が行われた。これがマイケルソン・モーリーの実験である。この結果，光の速度は変化しないという結論に達し，有名なアインシュタインの相対性理論につながるのである。

　ちなみに光速は現在では SI 単位で定義として決まっており，厳密に 299 792 458 m/s である。表 0.1 でも示したが 1 m の定義とは真空中の光が 1 秒間に進む距離の 299 792 458 分の 1 である。この数値を厳密に覚える必要はなく，本書でも光速は秒速 30 万 km もしくは 3.0×10^8 m/s として扱う。

6.2　屈折率とスネルの法則

　光の速度はつねに一定である。という人がいるかもしれないが，それは真空中での話であって，水中やガラスの中では光の速度は秒速 30 万 km より遅くなる。光の屈折は光の速度が変化するときに生じる。

　まずはイメージを作ろう。図 6.1(a)は車が舗装道路から未舗装部分に進入しているところを上から見たものである。未舗装部分では車の速度は遅くなるものとする。最初に未舗装部分に入るのは灰色に塗ったタイヤである。このタイヤだけスピードが落ちるので，車は ① 方向に直進せず ② 方向に曲がる。逆に図(b)は未舗装道路（低速）から舗装部分（高速）に進入した場合で，このときは灰色のタイヤだけが速くなり，車は ③ 方向に曲がる。車を光に置き換えれば屈折となる。

　図 6.2 は光が媒質Ⅰから媒質Ⅱへ進入した図である。光の速度は媒質Ⅰのほうが速いとする。具体的には媒質Ⅰが真空，媒質Ⅱがガラスのような場合で

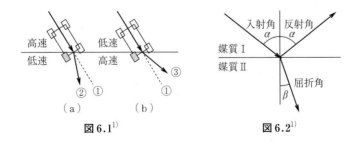

図 6.1[1]　　　　　　　　　図 6.2[1]

ある。図6.1(a)に相当する。車と違うのは光には反射もあるということである。図6.2の α を入射角という。5章の復習だが，反射角は入射角と同じ α となる。媒質IIに対して直角に光が差し込んだ場合，入射角90°といいたいところだが，正しくは入射角0°であるので注意。また β を屈折角という。

媒質Iでの光の速さを v_1，媒質IIでの光の速さ v_2 としたとき，光がどのくらい屈折するのかは v_1 と v_2 と兼ね合いで決まる。

$$n_{12} = \frac{v_1}{v_2} \tag{6.1}$$

を媒質Iに対する媒質IIの相対屈折率という。屈折率は無次元の単位を持つ物理量である。屈折は媒質の速度差で決まるので，屈折の大きさ（屈折率）を v_1/v_2 で表したが，ここはやはり入射角 α と屈折角 β で表現しておきたい。

図6.3(a)の①と②は平行光線である。①が媒質I，IIの境界面に達してから t 秒後に②が境界面に達する。その間に②の光が進む距離は③ tv_1 である。同じ t 秒間に①の光は④ tv_2 だけ進む。図(a)の二つの三角形を拡大したのが図(b)である。入射角 α と屈折角 β が図(b)のようになることは幾何学的にすぐにわかる。二つの三角形の共通の辺の長さを l 〔m〕としておこう。二つの三角形の向きを変えて並べたのが**図6.4**である。

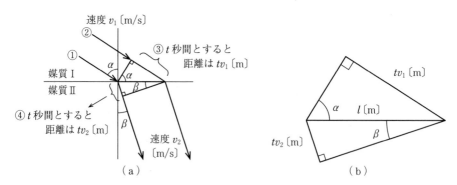

図6.3

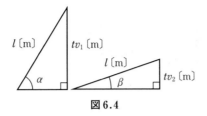

図 6.4

$$\sin\alpha = \frac{tv_1}{l}$$

$$\sin\beta = \frac{tv_2}{l} \tag{6.2}$$

であるから

$$\frac{\sin\alpha}{\sin\beta} = \frac{\dfrac{tv_1}{l}}{\dfrac{tv_2}{l}} = \frac{v_1}{v_2} = n_{12} \tag{6.3}$$

これをスネルの法則という。

　媒質 I が真空の場合，n_{12} は媒質 II の絶対屈折率という。v_1/v_2 の v_1 が真空中の光速（宇宙最高速度）になったときが絶対屈折率なので，絶対屈折率は必ず 1 より大きくなる。絶対屈折率が大きいということは v_2 が小さいということ。車の例でいえば灰色のタイヤに急ブレーキがかかるということである。また真空の絶対屈折率は 1 である。

　媒質 I の絶対屈折率を n_1，媒質 II の絶対屈折率を n_2 とするとき，媒質 I に対する媒質 II の相対屈折率 n_{12} は

$$n_{12} = \frac{n_2}{n_1} \tag{6.4}$$

となる。速度のときと数字が入れ替わっていることに注意してもらいたい。

　図 6.5 は媒質 I ＝ ガラス，媒質 II ＝ 真空のように光の速度が媒質 II のほうが速い場合である。図 6.1（ b ）に相当する。入射角 α を大きくしていくと，屈折角 β も大きくなってゆき（図 6.5（ b ）），ついには光は媒質 I，II の境界面

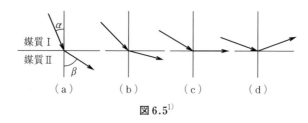

図 6.5[1)]

を走るようになる（図(c)）。さらに入射角を大きくすると光は媒質Ⅱの中には入らずすべてが反射するようになる（図(d)）。これを全反射という。

　光もまた波でありエネルギーであるので，光が媒質Ⅰ，Ⅱの境界面に達して屈折光と反射光に分離するならば，そのエネルギーは屈折光と反射光に分散される。しかし，全反射するならばそのエネルギーはすべて反射光になる。つまりこの反射によってエネルギーのロスが抑えられるということになる。

6.3　光ファイバー

　図 6.6 は中心部（コア）がガラス1（絶対屈折率 n_1），周縁部（クラッド）がガラス2（絶対屈折率 n_2）でできた光ファイバー中を光線が全反射を繰り返しながら伝搬する様子を示している。光ファイバーは空気中（絶対屈折率 n_0）に置かれている。このとき n_0, n_1, n_2 の大小関係がわかるだろうか。まず空気中の光の速度は真空中とほぼ同じなので，$n_0=1$ である。またガラス中では光の速度は落ちるので n_1, n_2 は1より大きくなる。そしてガラス1から2への入射で全反射が生じているので $n_2<n_1$，まとめると $n_0<n_2<n_1$ である。光ファイバーの原理はこのように二重ガラス構造となっている。

　光ファイバーの全反射が生じるの条件について確認する。図 6.7 のように空気中から入射角 α で入射された光はガラス2に入射角 θ で入射する。この入射角が図6.5(c)のときの入射角より大きければ全反射することになる。

　まず図6.5(c)の全反射するときの入射角を求めよう。全反射の境界となる角度を臨界角という。屈折率 n_1 から屈折率 n_2 に入射したときの臨界角 θ_c は

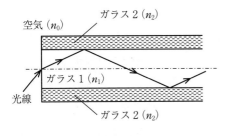

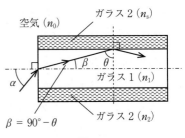

図 6.6　　　　　　　　　　図 6.7

式 (6.3), (6.4) より

$$\frac{\sin\theta_c}{\sin 90°} = \frac{n_2}{n_1} \tag{6.5}$$

$\theta > \theta_c$ となるとき全反射が起こるので

$$\sin\theta > \sin\theta_c = \frac{n_2}{n_1} \tag{6.6}$$

図 6.7 においてファイバーに入射する空気とガラス 1 の界面では

$$\frac{\sin\alpha}{\sin\beta} = \frac{n_1}{n_0} \tag{6.7}$$

β と θ の関係は $\beta = 90° - \theta$ だから

$$\sin\alpha = \frac{n_1}{n_0}\sin\beta = \frac{n_1}{n_0}\sin(90° - \theta) = \frac{n_1}{n_0} \tag{6.8}$$

両辺を 2 乗して式 (6.6) を使うと

$$\sin^2\alpha = \left(\frac{n_1}{n_0}\right)^2\cos^2\theta = \left(\frac{n_1}{n_0}\right)^2(1 - \sin^2\theta) < \left(\frac{n_1}{n_0}\right)^2\left\{1 - \left(\frac{n_2}{n_1}\right)^2\right\} \tag{6.9}$$

$$\sin^2\alpha < \frac{1}{n_0^2}(n_1^2 - n_2^2) \tag{6.10}$$

$$\sin\alpha < \frac{1}{n_0}\sqrt{n_1^2 - n_2^2} \tag{6.11}$$

となる。この式 (6.11) の条件がつねに成り立つ $\left(1/n_0\sqrt{n_1^2 - n_2^2} \geqq 1\right)$ とき光

ファイバーはすべての入射光を全反射することになる。

　電線を使い電流または電圧で信号を伝える場合，電気抵抗によってどうしても信号のロスが生じる。しかし光ファイバーの場合，光は全反射するため，原理的にはロスレスで信号が伝わる。とはいえ完全ロスレスというのはあり得ない話で，現実にはコアやクラッドの品質の不均一，境界面の粗さ，ファイバーの曲げなどにより損失がでる。光ファイバーの伝送距離は 300 m ～ 40 km といわれる。ちなみに LAN ケーブルでは，100 m ごとに中継器が必要である。

　つぎの 6.4 節で扱うファイバースコープの場合は，式 (6.11) の条件でつねに全反射するようになっていても問題はない。しかし，情報の長距離伝送を行う光ファイバーの場合は，全反射するようになっていては問題が生じる。光が全反射する場合，ファイバー内の反射の経路によって距離が異なってしまう。例えば図 6.8 では (a) に比べて (b) の経路は長くなる。いくら光の速度が速いからといっても経路の違いによって早く到達する光と遅く到達する光ができてしまう。これによって入射した光の元波形が崩れ，前後の信号と混ざってしまいノイズやエラーの原因となる。これは情報伝達速度を上げる際に大きな問題となる。それゆえ通信用の光ファイバーでは式 (6.11) がつねに成り立つように作られていないことがある。中心部（コア）と周縁部（クラッド）の屈折率を調整し，(a) のような直進性の高い光だけを反射させ，(b) のような光は全反射せず外部に放出されるようにしている。もちろんこれによってエネルギーのロスは増えるが通信速度は向上する。この他にもロスを減らして通信速度が上がるようにファイバーの材質や構造が改良されている。

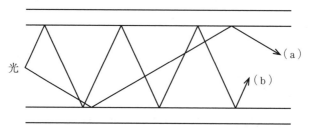

図 6.8

6.4 ファイバースコープ

　胃の中を直に観察することは難しい。フィルム式のカメラしかない時代に小型カメラを体内に送り込み写真を撮ることも行われていた。胃カメラである。この方式では現像する時間が必要であり，リアルタイムで観察する手法が求められていた。

　この目的のため光ファイバーが利用されファイバースコープが誕生した。曲げることが可能な柔軟性のある光ファイバーは入り組んだ体内に送り込むことに適しており，全反射する光ファイバーを束ねることで胃の内部を観察することが可能なファイバースコープが作り出された。

　光ファイバーは入ってくる光の像を維持できるわけではないので，1本の繊維で一つの光しか伝達できない。つまりファイバースコープの解像度は光ファイバーの本数と同じになる。これを束ねているのでファイバースコープの見え方は**図6.9**のように円形のファイバー断面が密に配置されており，六角形の格子状に見える。

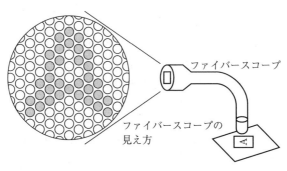

ファイバースコープ

ファイバースコープの
見え方

図6.9

　ファイバースコープの解像度を上げるためには繊維の数を増やせばいい。しかし，繊維の数を増やすことは太さが増すことにつながり体内に送り込みにくくなる。1本1本の繊維を細くすることも一つの手段だが，繊維の断面積を小

さくすることは光量が少なくなることなので像が暗くなってしまう。それゆえ体内を観察する内視鏡としてのファイバースコープの解像度には限界がある。

　現在ではCCDカメラを先端に取り付けた内視鏡が多く用いられるようになってきた。技術の進歩によって高解像度で小型のカメラが開発されたことで管が細いまま鮮明な像を得られるからである。

コラム　波の重なりを利用したチューニング

　波が重なり合うと干渉する。例えば音ならば重なって聞こえるが，周波数が微妙に異なる波の場合はうなりが生じる。うなりとは周期的に強弱を繰り返す音のことである。二つの周波数の異なる正弦波を重ねた波形は振幅が大きい区間と小さい区間が繰り返される。この振幅が大きいときに大きい音に聞こえ，小さいときに小さい音に聞こえるので，「ウォーン，ウォーン」というようにうなりとして聞こえるのである。

　うなりの強弱の回数は二つの正弦波の周波数の差によって決まる。440 Hzと441 Hzなら1秒間に1回の強弱のあるうなりになる。強弱は1秒間に1回だが，うなりが生じる音の波形は440 Hz近辺で変化しており，聞こえる音の高さもそれくらいなので，「周波数1 Hzのうなり」とはいわない。1秒間に1回のうなり，もしくは振動数1 Hzのうなりなどと表現する。

　さてうなりを利用すれば楽器のチューニングができる。音叉などで基準となる音と楽器の音を同時に発生させ，うなりが生じないように楽器のほうの音を調整すれば楽器と基準となる音が同じ周波数になったといえる。だが，これだけでは基準音一つにつき，一つの音しか合わせることができない。そこでここからは倍音を使ってチューニングする。

　楽器の音は一つの周波数ではなく，整数倍の周波数成分の音を含んでいる。例えば440 Hzのラの音には，880 Hzのラの音，1320 Hzのミの音などを含んでいる。このとき440 Hzのラ以外の音を倍音という。このため今度は440 Hzで合わせた楽器のラの音から出る倍音で880 Hzのラの音や1320 Hzのミの音をチューニングすることができるのである。ピアノなどはこれを順々に繰り返していくことで調律する。ちなみに音叉の音は正弦波形に近く倍音をほとんど含まないので最初の音合わせでしか使われない。

章　末　問　題

【6.1】　誤っているのはどれか。

① 可視光線とは波長 380 nm から 780 nm あたりの範囲。

② 可視光線よりも波長が短い 10 nm あたりまでの光を紫外線という。

③ 可視光線よりも波長が長い 1 mm 程度までの光を赤外線という。

④ 紫外線のほうが赤外線よりも周波数は低い。

⑤ 光の速度のことを光速といい，およそ秒速 30 万 km である。

【6.2】　屈折率の単位として正しいものはどれか。

① m　　② m/s　　③ s　　④ Hz　　⑤ 無次元単位で何もつけない

【6.3】　空気中からある屈折率の物質 A に入射角 60° で光を入射したところ，屈折角が 45° であった。このとき物質 A の屈折率はいくらか。

① 0.75　　② $\dfrac{\sqrt{6}}{3}$　　③ 1　　④ $\dfrac{\sqrt{6}}{2}$　　⑤ 1.5

【6.4】　図のように，ガラスと真空の境界面に光が入射し屈折した。真空に対するガラスの屈折率が 1.73（≒$\sqrt{3}$），入射角が 30° のとき，屈折角はおよそ何度か。（第 2 種 ME 技術実力検定試験　第 40 回）

① 30°

② 45°

③ 60°

④ 75°

⑤ 90°

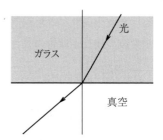

7

パルスオキシメータ　〜光の色と吸収〜

　小型・簡易であるにもかかわらず，高精度で動脈血中ヘモグロビンの酸素化度を測定できるパルスオキシメータ。全世界に普及しているこの装置を発明したのは日本人の青柳卓雄氏（1974年）である。パルスオキシメータは色を利用している。

7.1　波　の　吸　収

　波は媒質を伝わってエネルギーを運んでいる。この波が減衰，つまり次第に弱まっていくということはエネルギーが何かに吸収されたということである。波が減衰しやすいということは吸収されやすいということであり透過しにくいということになる。吸収されたエネルギーはほとんどの場合，最終的に熱エネルギーに変わる。場合によっては同じ形もしくは別の形のエネルギーとして保存されることがある。

　例えば，管楽器の音が鳴る仕組みを例に挙げる。5.2節で開放管の境界で反射が起きているということを説明した。**図7.1**のように両端で反射を繰り返すうちにある決まった波長の波が大きく表れるようになる。これを定常波という。定常波の波長λは管の長さをLとして

$$\lambda = \frac{2L}{n} \ (n = 1, 2, 3, \cdots) \tag{7.1}$$

で表される。この式は弦や閉じた管のように端が固定されている場合と固定されていない場合で異なる。また開放管の場合は開口管補正によってLが少し

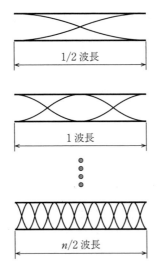

1/2 波長

1 波長

$n/2$ 波長

図 7.1

長くなるが，ここでは詳細は省略する。さて楽器から音が出るためにはその分のエネルギーをどこからか供給されなければならない。管楽器の場合は多くは人の口から吹いたエネルギーが波となって楽器の中を共鳴する。そして楽器の中で蓄えられた特有の波長の音波が外に出ることで音が出る。逆にいえば口で吹いた波のエネルギーは楽器に吸収されたとみることができる。このように波のエネルギーが通るとき，その過程にある物質が何らかの形としてエネルギーを受け取り蓄えるもしくは別の形として使うので波が減衰するのである。

　この楽器の例でいうと，吸収される波は決まった波長の波である。つまり吸収しやすい波長と吸収しにくい波長という特性が存在することになる。共振する波長が楽器のサイズと同じくらいになるということは先の説明からも理解できると思う。実際，大きな楽器は低い音，小さい楽器は高い音を発する。式(7.1) からわかるように波長が短い場合の方（L に比べて λ が短いほうが）がさまざまなものに吸収されやすいため，一般的な波の性質として波長が短い波，つまり周波数が高い波は減衰しやすい傾向がある。逆に波長が長い波，つまり周波数が低い波は透過しやすい傾向がある。

　波のエネルギーを吸収するサイズは，大体波長のサイズになる。このサイズ

近辺では特異的な吸収が起こりやすくなる。音の場合は数 cm 〜 m であり，光の場合はそのまま運動エネルギーになるわけではないので複雑なのだが大体ナノメートルオーダーのサイズになる。電波を受信しやすくするためのアンテナも目的の周波数に併せてサイズが決定される。

7.2　　　　色

可視光の波長は 380 〜 780 nm であり，おもに分子に特異的に吸収される。色は光の波長によって決まるのだが厳密には人の網膜にある 3 種の視覚細胞の中の分子が対応する光のエネルギーを受け取ることで色を知覚する。この視覚細胞が赤・緑・青に対応している。この三種類の細胞が受けるエネルギーが波長ごとに異なり，結果として 380 〜 780 nm の範囲の光に色が付いて見える。逆にいえば対応する 3 色の光があればそれを組み合わせてすべての色を知覚させることができる。テレビやディスプレイなどはそのような原理で色が付けられている。

　身の回りのものに色が付いて見えるのも同じ理由である。人の体に色が付いて見えるのも光が特異的に吸収し反射した結果である。ここで血液の話をする。血液の色は赤だが，動脈血と静脈血で色が異なるという話を聞いたことがあるだろう。動脈血は鮮やかな赤色で，静脈血はやや暗い赤色になる。血液の色はヘモグロビンによるもので，色の違いもヘモグロビンの構造の違いによる。

7.3　ヘモグロビンの吸光度

血液中の酸素は赤血球内のヘモグロビンと結合して全身に運ばれる。酸素と結合したヘモグロビンを酸素化ヘモグロビン（HbO_2），酸素が離れたヘモグロビンを脱酸素化ヘモグロビン（Hb）といい，ヘモグロビンはこのいずれかの状態をとる。血液中のヘモグロビンの何 % が酸素化ヘモグロビンであるかは，

血液の酸素化のよい指標となる。これを酸素飽和度（oxygen saturation）という。HbO_2 と Hb の血液中の濃度を，それぞれ$[HbO_2]$と$[Hb]$とすれば，酸素飽和度 S は

$$S = \frac{[HbO_2]}{[HbO_2] + [Hb]} = \frac{[HbO_2]}{[\text{total Hb}]} \qquad (7.2)$$

と表される。分母$[\text{total Hb}]$は血液中のヘモグロビン濃度$[\text{total Hb}] = [HbO_2] + [Hb]$で分子$[HbO_2]$が血液中の酸素化ヘモグロビン濃度を意味する。$[HbO_2]$と$[Hb]$は濃度なので，単位は〔mol/L〕などが使われるが，分母分子が同じ単位なので S は無次元である。ちなみに〔mol/L〕は体積 1 L 中に粒子が何 mol 含まれているかを表している。mol については 8 章で触れるが，1 mol は約 6.02×10^{23} 個の粒子の個数と考えればよい。1 mol/L は 1 リットル中に約 6.02×10^{23} 個の粒子が含まれている濃度ということである。また濃度の単位では〔M〕（モーラー）が使われることがある。1 M = 1 mol/L である。

　S は血液中のヘモグロビンのうち酸素化した割合なので 0 〜 1 の値をとるが，100 を掛けて％で表すことが普通である。健康な状態では，動脈血は肺で十分な換気がなされるため，酸素飽和度 S が 100 ％ に近い。一方，静脈血では組織に酸素を放出するので S は 70 ％ 程度になる。肺の換気能が低下すると動脈血でも S が低下するので，動脈血の酸素飽和度は肺の換気状態を把握する重要な指標となっている。

　酸素飽和度を測定する装置をオキシメータという。オキシメータはヘモグロビンの吸光特性が酸素飽和度により異なることを利用している。**図7.2**はヘモグロビンの吸光特性を表したもので，縦軸の吸光度は値が大きいほど物質が光を吸収するという意味になる。

　この図を見ると Hb は波長 650 〜 700 nm の赤色光を HbO_2 の約 10 倍もよく吸収する。805 nm で Hb と HbO_2 の吸光度は同じになり，これより長波長側では吸光特性が逆転する。このような吸光度の違いは色の違いとして現れる。吸収した光は知覚しにくくなるので，目に見える色は血液で反射した光である。可視光領域である 380 〜 780 nm の範囲の光のうち，血液中のヘモグロビンは

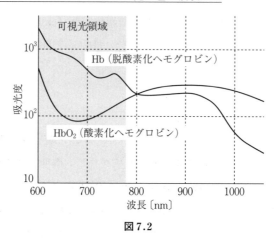

図7.2

比較的赤である650 nm近辺の波長は吸収しない。それゆえ血は赤く見えるのである。その中でも酸素化ヘモグロビンはより赤を吸収しないので，酸素化ヘモグロビンの割合が多い血液はより鮮やかな赤色に見えることになる。これが動脈血と静脈血の色の違いとなる。

　色の違いは原子や分子構造などの違いによって生じる。それがちょうど可視光の近辺のエネルギーを吸収しやすいサイズであるため，ヘモグロビンのように特異的な吸収特性となり，身の回りにさまざまな色を生み出す。この色の特徴から物質を判別することができる。

　物質が異なると吸光特性も異なるので，複数波長で吸光度を測定することにより媒質中の個々の物質の種類や濃度を求めることができる。このような手法は分光学の一般的測定法になっている。

　光を透過するが透過光が入射光に比べて強度が小さくなる単体の吸光物質について考えよう。このとき物質中を通過する光の強度は指数関数的に減少する（**図7.3**）。入射光強度をI_0，透過光の強度をI，物質の厚みをdとすると吸光度OD（optial density, absorbance ともいい，単位は無次元）は

$$\mathrm{OD} = \ln \frac{I_0}{I} = \mu_a d \tag{7.3}$$

と表せる。μ_aは吸収係数（物質単位長当たりの光の吸収，単位は〔mm^{-1}〕）

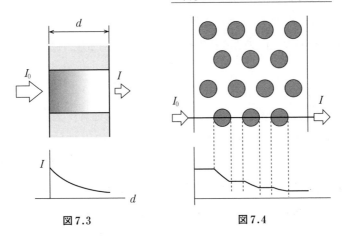

図7.3   図7.4

である。物質中を透過する光の強度は厚みが2倍になると2乗,3倍になると3乗で減少するが,対数を用いているので OD は厚みにあわせて2倍,3倍と変化する。つまり μ_a のほうは長さ当たりにどのくらい吸収するかという量になる。

　分光学の分野ではこのように対数を用いるので OD を ln, log のいずれで定義しているか注意を払う必要がある。ここでは ln で統一して説明する（本質には変わりはない）。

　つぎに単体の吸光物質ではなく,媒質中に吸光物質が溶けている場合について考える。媒質の光吸収はないものとすると,**図7.4** のように吸収係数 μ_a は吸光物質の濃度に比例する。つまり吸光物質の濃度を C（単位は〔mM〕）,吸光物質の分子吸光係数（単位濃度,単位長当たりの光の吸収の物理量で単位は〔$mm^{-1}\cdot mM^{-1}$〕）を e とすると

$$\mu_a = eC \tag{7.4}$$

と書ける。したがって,d を既知として OD を測定すれば,式（7.3）より μ_a が求められる。e は物質固有の値であるため,対象となる物質がわかっているときは既知の値であるから,式（7.4）より

$$C = \frac{\mu_a}{e} = \frac{OD}{ed} = \frac{1}{ed}\ln\frac{I_0}{I} \tag{7.5}$$

つまり吸光物質の濃度を求めることができる。

血液中の HbO_2 と Hb のように複数の吸光物質がある場合には，吸収係数 μ_a は

$$\mu_a = e[HbO_2] + e'[Hb] \tag{7.6}$$

となる（一般的に n 種の粒子が溶け込んでいる媒質であれば n 個の和）。ここで，e と e' はそれぞれ HbO_2 と Hb の分子吸光係数であり既知，$[HbO_2]$ と $[Hb]$ は前述のように HbO_2 と Hb の濃度である。未知数は二つ（$[HbO_2]$ と $[Hb]$）であるから，2 波長で吸収度を求めれば，連立方程式を立てて $[HbO_2]$ と $[Hb]$ を決定できる。$[HbO_2]$ と $[Hb]$ がわかれば式（7.2）から酸素飽和度 S を求めることができる。

原理的には 2 波長で測定すればよいが，精度を高めるため通常は数波長を使用する。ただし，この方法で $[HbO_2]$，$[Hb]$ を測定するために血液サンプルが必要で，つまり採血しなければならない。

さて，ここまで読んでなんだかわからなくなった人，いませんか。細かいことはともかく，要するに，血液サンプルに図 7.3 のように光を当ててその透過光を調べる。当てる光の周波数はいろいろ変えて，たくさんのデータをとる。そのデータを図 7.2 に当てはめて考えれば $[HbO_2]$，$[Hb]$ がわかるという仕組みである。

7.4 パルスオキシメータ

酸素飽和度は肺機能の把握に重要な値である。だが前述の手法では採血による血液を使わなければならない。

これを手軽に，無侵襲で，リアルタイムでの測定を実現したのがパルスオキシメータ（pulse oximeter）である。その原理は（わかってみれば）簡単で，図 7.5 のように指先に光を当てるとフォトダイオードで測定される透過光は拍動するが，その拍動は動脈の拍動に由来するものであるから，その拍動成分に着目すれば動脈の情報が得られるというものである。

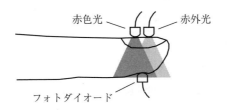

赤色光　　　　　　　　赤外光

フォトダイオード　　　　　　　　　図 **7.5**

　これは，特定の光（赤～近赤外）が充分に指先を透過すること，指先の血液部分以外は大きな光学的変化を起こさないことを満たす必要があるが，フォトダイオードと LED の間の指先はその条件を満たしている。

　図のように，2 波長の光（例えば，660 nm の赤色光と 940 nm の赤外光）を発光ダイオードで交互に指先などに照射し，その透過光をフォトダイオードで検出する。**図 7.6** のように，入射光強度を I_0，透過光強度を I とすると，動脈の拍動により拍動部の厚みが Δd だけ増加し，透過光強度は ΔI だけ減少する。拍動による吸光度変化 ΔOD は入射光 I_0 と無関係になり

$$\Delta OD = \ln \frac{I_0}{I - \Delta I} - \ln \frac{I_0}{I} = \ln \frac{I_0}{I - \Delta I} \tag{7.7}$$

となる。また，ΔOD は Δd に起因するから式 (7.3)，(7.6) より

$$\Delta OD = \mu a \Delta d = (e \cdot [HbO_2] + e' \cdot [Hb]) \Delta d \tag{7.8}$$

さらに式 (7.2) より

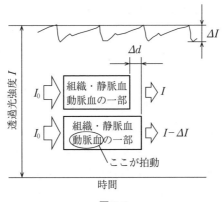

図 **7.6**

$$[\mathrm{HbO_2}] = [\mathrm{total\ Hb}]S$$

$$[\mathrm{Hb}] = [\mathrm{total\ Hb}](1-S) \tag{7.9}$$

なので，式（7.8）に代入すると

$$\Delta \mathrm{OD} = \{e[\mathrm{total\ HbO_2}]S + e'[\mathrm{total\ Hb}](1-S)\}\Delta d$$

$$= \{eS + e'(1-S)\}\,[\mathrm{total\ HbO_2}]\Delta d \tag{7.10}$$

となる。

二つの波長の $\Delta\mathrm{OD}$ の比をとると，$[\mathrm{total\ HbO_2}]$ と Δd は両波長で共通なので消える。例えば波長1のときの分子吸光係数を e_1，e'_1，波長2のとき e_2，e'_2 とするとこの比 R は

$$R = \frac{e_1 S + e'_1(1-S)}{e_2 S + e'_2(1-S)} \tag{7.11}$$

となる。測定量 R は各波長のときの吸光度変化 $\Delta\mathrm{OD}_1$，$\Delta\mathrm{OD}_2$ から

$$R = \frac{\Delta\mathrm{OD}_1}{\Delta\mathrm{OD}_2} \tag{7.12}$$

で得られる。拍動に伴う吸光度変化を測定していることから，吸光度変化は式（7.7）から透過光の変化量で得られる。つまり，R から酸素化ヘモグロビン濃度 S を算出でき，求められる S は動脈血の酸素飽和度となる（∵静脈や毛細血管は拍動しない）。

パルスオキシメータの手法は入射光に依存しないことから，肌の色や十分に光が透過しさえすれば爪の色などに影響されず，また拍動による動脈の変化のみを評価していることから個体差が生むそれ以外の要因を除外できるといえる。

以上の議論では，拍動に伴う光路長変化 Δd や光路長 d は波長によらず共通とした。しかしこれは実際には正しくない。生体組織は光散乱が顕著であり，その影響を考慮しなければならないからである。散乱によってフォトンの光路はジグザグ状になり実効的な光路長は長くなる。さらに散乱特性は波長に依存するので光路長の波長依存性も生じてくる。その程度は波長や吸収・散乱特性により大きく異なり，また理論的取り扱いも大変複雑である。散乱による波長

依存性が無視できない場合は式（7.11）は成立しないため，実際の装置では，あらかじめ実験的に求めた校正曲線を組み込み使用している。またそもそも体動などにより拍動の過程で条件が変わる場合，例えば指が震えているような状態では正確な測定ができない。

　簡単にいえば，パルスオキシメータの基本的な原理は前項の吸光度による濃度測定と同じだが，血液サンプルではなく生きている人間の指を使っている。生きている人間の指の動脈は，脈によって膨らんだり縮んだりし，静脈では脈は消えて一定の太さであることを利用している。指の透過光強度は大きくなっ

コラム　ガラスは何色

　透明に見えるガラスであるが，微妙に色が付いている。それが何色なのかは合わせ鏡でわかる。結論からいうと緑色である。ガラスを作る過程で混ざる不純物が完全に取り除けないためわずかにその色が出てしまうのである。

　2枚の鏡を向かい合わせてその鏡を見ると，奥を見るほどだんだん緑色になっているのがわかるだろう。これがガラスの色である。鏡はガラス表面によく反射する金属を付着させて作るため，鏡に映った風景はガラスを通したものが見えている。合わせ鏡はそれが何度も繰り返されるため，徐々にガラスの色が現われるのである。

　その他にもガラスが緑色であることがわかるのが水族館である。水槽の水圧に耐えるために分厚いガラスを使う必要があることから水槽の中が緑色になってしまうのである。しかし，最近はアクリルという透過性の高い樹脂が使われることが多くなっている。それなりの年齢の人に聞けば，水族館で魚が見やすくなってきたという話を聞けるだろう。透過性の高いガラスは他にも石英ガラスなどがある。だがこれは高価なのであまり身近なもの器具には使われない。

　さてガラスの色を確認するための方法をいくつか紹介したが，もっと簡単にガラスの色を確認する方法がある。厚みのある板ガラスを見ればよい。厚みがあればあるほど緑色に見えるはずである。そんな厚みのあるガラスが身近にないという人も安心してほしい。板ガラスを横から見ればよい。それで厚みのあるガラスを見ているのと同じことになる。

たり小さくなったりするが，この変動の原因は脈（動脈血の変動）であるので，この変動に注目すれば動脈血のみの飽和度が得られる，ということである。

章　末　問　題

【7.1】　赤色の波長として適切なものはどれか。

① 100 nm　　② 300 nm　　③ 500 nm　　④ 700 nm　　⑤ 900 nm

【7.2】　完全な透明であることから読み取れる性質はどれか。

① 紫外光・可視光・赤外光をすべて透過する。

② 紫外光・可視光・赤外光をすべて吸収する。

③ 紫外光・可視光・赤外光をすべて反射する。

④ 少なくとも可視光は透過する。

⑤ 少なくとも可視光は反射する。

【7.3】　ある厚みのある媒質に光を入射したところ，透過光強度は元の光の半分になった。厚みが3倍の同じ媒質に光を入射したら透過光強度は元の光に比べてどのくらいか。

① 50 %　　② 33 %　　③ 25 %　　④ 16.7 %　　⑤ 12.5 %

【7.4】　パルスオキシメータによる酸素飽和度測定について正しいのはどれか。（第2種ME技術実力検定試験　第40回）

① センサ部の体動で測定不能となるのは稀である。

② 測定部の血流が低下しても測定値に影響しない。

③ 心拍数が増加しても測定値に影響しない。

④ 透明なマニキュアは測定誤差の原因にならない。

⑤ 手術灯の光が受光部に当たっても測定誤差の原因にならない。

8

非接触体温計

　非接触で体温を測定できる装置が普及しつつある。この原理を理解する
ために，この章では熱と温度について説明する。

8.1　温　　　　　度

　温度の表現として，われわれが使っている摂氏は，スウェーデンの科学者
A. セルシウスが 1742 年に導入したもので，氷の融点を 0 度，水の沸点を 100
度とし，その間を 100 等分する摂氏温度目盛（セルシウス度）に基づいてい
る。単位は〔℃〕である。

　もう一つ，アメリカなどで使われる華氏についても述べておこう。1724 年
にドイツ人技術者ファーレンハイトにより提唱されたもので，その成り立ちは
諸説あるが，観測できる最も低い温度を 0 度，体温を 100 度として，その間を
100 等分したものである。単位は〔℉〕である。アメリカに旅行して天気予報
などを見て，「今日の予想最高気温は 60 度（60 ℉）」などといわれても暑いの
か寒いのかさっぱりわからない（ちなみに華氏 60 度（60 ℉）＝摂氏 15.6 度
（15.6 ℃）である）。

　さて温度や熱に関する物理を熱力学というが，熱力学の前提としてまず「充
分時間接触した物体は同じ温度になる」とする。物体がこのような状態である
ことを熱平衡状態という。温度を測るとき，測りたいものに何かを接触させれ
ばその何かの温度が測りたいものと同じになる。これで温度が測定できる。

　温度が変わると物体の体積が変化する。そこでアルコールや水銀が温度に

よって体積変化することを利用して温度計が作られた。最近の温度計測では半
導体の電気抵抗の温度変化を利用したものが多い。

　気体もまた温度によって体積が変化する。この関係をグラフにすると**図8.1**
のように直線グラフが得られる。温度と体積は比例するということだ。この関
係はシャルルの法則と呼ばれる。温度を上げていけば体積が大きくなり密度が
小さくなるので熱気球のように浮力を得る。ところでこのグラフは直線なので
温度が負の方向に延長していくとやがて体積が 0 になり，さらに延長すると体
積が負の値となることを意味する。体積が 0 や負になることはおかしい。つま
り温度にはそれ以上下がらないという下限が存在するといえる。その下限温度
を 0 度とし，摂氏の 1 度と同じ間隔で 1 度になるようにしたものをケルビン温
度（絶対温度）という。単位は〔K〕（ケルビン）である。0 K = − 273.15 ℃，
1 K = − 272.15 ℃ … 273.15 K = 0 ℃ … 300 K = 26.85 ℃ となる。ケルビンは SI に
おける基本単位の一つであり，昔は水の三重点（固体・液体・気体の境界）を
元に定義されていたが，2019 年にボルツマン定数という定数を元にした定義
となった。

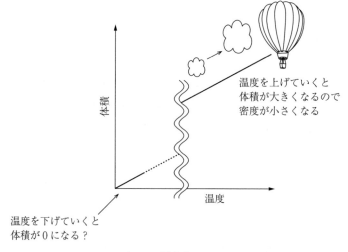

図 8.1

気体の体積 V と絶対温度 T を使ってシャルルの法則を表すと

$$\frac{V}{T} = 一定 \tag{8.1}$$

と表される。温度はスカラー量であり，0と定義する状態が重要である。0が
物理的な根拠を伴うとこのように式がきれいな形となる。ファーレンハイト温
度の最も低い温度を0度としたことは，実際に最低温度を計測できなかったの
でちぐはぐになってしまったが，考え方は物理的だったといえる。

　シャルルの法則と並んで気体の体積に関する法則としてボイルの法則があ
る。この二つの法則はしばしばまとめられて，ボイルシャルルの法則として

$$\frac{p_1 V_1}{T_1} = \frac{p_2 V_2}{T_2} \tag{8.2}$$

と表される。これは気体の体積 V_1，絶対温度 T_1，圧力 p_1 の状態から気体の体
積 V_2，絶対温度 T_2，圧力 p_2 の状態に変化したときにこの式が成り立つことを
意味する。

　実際の気体は，式（8.2）がつねに成り立つわけではない。温度が下がる過
程で分子間の力が無視できなくなり，液体や固体に変化するからだ。だが多く
の条件下で成り立つので，つねにこの式が成り立つと考えることは有用であ
る。それゆえ気体の問題を考えるときは，ほとんどの場合，これが成り立つ前
提で考える。特につねに式（8.2）が成り立つ理論上の気体を理想気体という。

　理想気体が体積 V，絶対温度 T，圧力 p の状態のとき，つぎの式が成り立つ

$$nR = \frac{pV}{T} \tag{8.3}$$

n を物質量といい，気体の分子の数を表す。単位は〔mol〕である。1 mol の物
質には約 6.02×10^{23} 個の分子（粒子）が含まれていることを表す。また $N_A \fallingdotseq$
$6.02 \times 10^{23}\,\mathrm{mol}^{-1}$ をアボガドロ定数という。〔mol〕は SI 単位の基本単位であ
り，アボガドロ定数とともに定義されている。R は気体定数という。V の単位
が〔m^3〕，T が〔K〕，p が〔Pa〕，n が〔mol〕のとき $R \fallingdotseq 8.31\,\mathrm{J/(mol\cdot K)}$ とな
る。化学では圧力を〔atm〕，体積を〔L〕の単位で表すことが多く，その場合

の気体定数は単位とともに値も変わることに注意が必要である。

　さて「十分時間接触した物体は同じ温度になる」のだから，例えば教室の空気と机の温度は同じはずである。だが，実際に触ってみると空気より机のほうが冷たく感じる。温かい冷たいという感覚では温度はわからないということである。なぜこのように感じるのかについては熱とその移動について理解する必要がある。

8.2　　　熱

　熱いものは熱エネルギーを持っている。物体から熱エネルギーを奪っていくと，物体は冷えて温度が低下していく。0℃の物体のエネルギーは0ではない。それは冬の気温が氷点下になることでもわかるだろう。物体からどんどん熱エネルギーを奪い，ついにはその物体の熱エネルギーが0になったときの温度は0Kのときである。これは熱力学の前提の一つである。

　熱はエネルギーであり，単位は〔J〕（ジュール）が使われる。エネルギーや仕事と同じである。熱は別のエネルギーに変わることがあり，その際エネルギーは保存される。これが熱力学のもう一つの前提である。

　もう一つ，熱は温度が高いものから低いものに移動するという前提もある。熱というエネルギーは温度が高いものから低いものに移動し，その温度を変化させる。

　同じ温度でも空気と机では温かさの感じ方が異なるのは熱の移動量が異なるからである。手から空気に移動する熱量よりも手から机に移動する熱量のほうが多いので机のほうが冷たく感じるのである。同じ温度差でも机のほうがより多くの熱を蓄える容量があるので机に熱がたくさん移動するというように考える。

　この物質ごとに蓄えられる熱の量を熱容量（比熱）という。熱容量は熱と温度の比例係数という形で表される。比熱の値は物質の量にも依存するので，〔J/(kg·K)〕の単位で与えられる重さ当たりの比熱や〔J/(mol·K)〕の単位で

与えられるモル比熱などがある。

　特に水1gを温度1℃上昇させる熱量を1カロリー（cal）という。1 cal≒4.2 Jである。これは2章でも登場した。水の比熱は4.2 J/(g·K)ということである。

　物体に熱を与えたとき，温度変化に使われるだけでなく，氷から水のように状態の変化にも使われる。温度変化に使われる熱を顕熱，状態変化に使われる熱を潜熱という。

　図8.2は熱を加えていったときに温度と状態がどのように変化するかを示している。氷の温度は0℃と間違えて覚えている人もいるが，氷も他の物体と同じく温度変化する。氷に熱を加えていくと徐々に温度が上がっていく。0℃の氷に熱を加えると温度は上がるのではなく，その状態が氷→水に変化する。1 kg，0℃の氷に熱を加えて1 kg，0℃の水にするために必要なエネルギーを融解熱という。これは水の場合で，一般には個体から液体に相転移するときの温度を用いる。単位は〔J/kg〕である。水の融解熱は335 kJ/kgである。これは液体の水の比熱より約80倍も大きい。同様に1 kg，100℃の水に熱を加えて1 kg，100℃の水蒸気にするために必要なエネルギーを気化熱という。他の物質の場合は液体から気体に相転移するときの温度を用いる。水の気化熱は

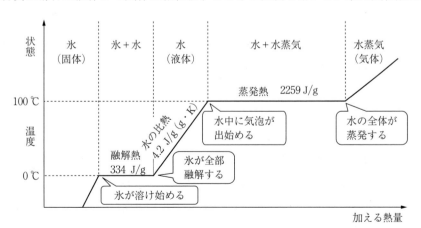

図8.2　水に加える熱量と温度の変化

2250 kJ/kg で，これは液体の水の比熱より約 536 倍も大きい。この融解熱や気化熱が潜熱であり，氷や水，水蒸気の温度を比熱に従って上げる熱が顕熱である。

8.3 熱の伝わり方

体温を測るには体の熱を体温計に伝える必要がある。熱の伝わり方には大きく分けて伝導，対流，放射の三種類ある。

鉄の棒の一端を手で持って，もう一端を火であぶる。すると熱が伝わってきてそのうち手では持てなくなる。こういう熱の伝わり方を熱伝導という。手で持っているものが鉄棒であれば熱はどんどん伝わるが，もし木の棒であれば熱の伝わり方が悪く，先端が燃えても手で持っていられる。つまり物質の種類によって熱の伝わりやすさが異なっている。熱の伝わりやすさを熱伝導率という。バイクのエンジンやパソコンの CPU の冷却用などにはアルミのフィンが使われ，科学機器の冷却には銅の網線が使われることが多いが，冷却効率でいえば銀のほうが良い。そうしないのはコストと強度の問題で，銀などを使ったらバイクの重量は今より重くなり，値段は馬鹿高くなってしまう。公園の鉄棒に触ると冷たく感じるが，木に触っても冷たくない。鉄棒も木も温度は気温とほぼ同じはずであるのに，なぜ触ったときの感じ方が違うのだろうか。鉄は木よりも熱伝導率が高く，手の熱がどんどん鉄棒のほうに流れていくので冷たく感じるのである。

対流では物質間での熱の移動はない。例えば暖められた空気は軽くなり，上のほうに移動する。伝導のように熱そのものが移動するわけではなく，熱を持った物体が移動する。ある空間の空気が持つ熱量は，より暖かい空気がその空間に流れ込むことによって増える。これも熱の移動の一つと考えることができ，このような熱の伝わり方を対流という。部屋の温度が床付近は低く天井付近が高いのは空気の対流による。ちなみに無重力下では空気の移動は生じない。暖められた空気は軽くなり，と書いたが，無重力下では浮力が生じないの

で軽いも重いもないからである。

　熱伝導や対流の場合，熱を伝えるのに物質が介在している。逆にいうと，物質のない，例えば宇宙空間では熱伝導や対流は起こらない。それでも太陽の熱は地球に届いている。これは太陽から発せられた光（電磁波）が熱を伝えているからであり，こういう熱の伝わり方を放射という。ストーブに手をかざしたときに感じる暖かさ（熱さ）はストーブからの熱放射である。遠赤外線は生体組織に効率よく吸収されるため加熱器具として利用できる。フライパンで肉を焼くときの熱の伝わり方は熱伝導であるが，肉の熱伝導率は低く，外は焦げ焦げ，中は生焼けということが起きる。遠赤外線調理器を使えば中までしっかりと熱を通すことができる。

　伝導は接触した物体間で熱が移動して温度が変化することである。対流は物体同士が混ざることで温度が変化することで，物体間の熱移動ではない。放射は物体間で熱が移動しているが，接触していない。上記のストーブの例で，もし熱が空気を介して手に熱が移動しているなら伝導だが，そうではない。それは**図 8.3**のようにストーブと手の間に物体（例えばアルミ板とか）が存在することを考えればよくわかる。もし伝導によって熱が伝わっているのならば，空気よりも熱を伝導するアルミ板を挟んだほうが暖かさは増すはずである。しかしストーブとの間をアルミ板で遮蔽されたら暖かさが感じられなくなる。これはストーブの熱が空気を介しているのではなく，電磁波（遠赤外線）によって熱を伝えている。また電磁波はアルミ板で遮蔽されるということを意味している。

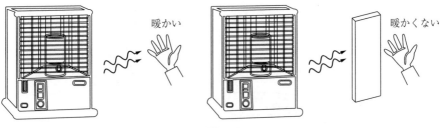

図 8.3

8.4 体　温　計

〔1〕 水 銀 体 温 計

　図8.4のようなタイプで，熱膨張による水銀の体積増加を利用している。水銀は有毒物質であるのでメーカーでも製造を中止しており，現在ではほとんど用いられていない。腋窩（脇の下）に挟むと図8.5のように温度が上昇していき，温度がほぼ一定となったところで測定終了となる。正確な計温には10分程度の時間が必要である。

図8.4　水銀体温計[2]

図8.5　体温計の温度上昇[2]

〔2〕 電 子 体 温 計

　図8.6のようなタイプで，家庭用として最も普及している。サーミスタを温度センサとして利用している。サーミスタは温度によって電気抵抗が変わる半導体素子で，材質は鉄，ニッケル，マンガン，モリブデン，銅などの酸化物の焼結体である。体温計に用いられているのは温度が上がると抵抗値が下がる

図8.6　電子体温計[2]

図8.7[2]

タイプであり，測定範囲は -60 ～ 150 ℃程度，測定方法は予測式が一般的である。**図 8.7** は図 8.5 の最初の 1 分を拡大したものである。最終温度が違えば温度上昇の様子も違うわけで（b より a のほうが高温），これを利用してごく短時間の測定で最終温度を予測することができるのである。

〔3〕 非接触タイプの体温計

非接触の体温計は熱の放射を利用している。

鉄の温度を上げるあるいは炭を燃やすと赤く光る。さらに温度を上げると強く光る。これらは放射で電磁波が放出されている。

温度を上げたときの光る色，もしくは燃やしたときの火の色は温度の高さと物質の種類によって決まる。物質によって色が変わる話は 15 章で再び触れる。

目で見たときの物体の色はその物体が反射する可視光線の波長で決まる。もしすべての可視光線を吸収することができれば物体は黒になる。そこから発展して，可視光線に限らず，あらゆる波長の電磁波を吸収できる仮想的な物質を黒体と呼ぶ。すべての波長の電磁波を吸収できるということはそのエネルギーを蓄えられるということで逆にすべての波長の電磁波を熱放射することができる物質ということでもある。

現実の物体は温度によって光る色が決まっているが，黒体は温度によってあらゆる光を放出することができる物体である。この黒体から出る光（電磁波）の強度 S は絶対温度 T の 4 乗に比例する。数多い物理学の公式の中でも 4 乗に比例というのはかなりレアである。

$$S = sT^4 \tag{8.4}$$

この関係をステファン・ボルツマンの法則という。ここで強度 S は時間当たり・面積当たりのエネルギー（単位は $[\mathrm{W/m^2}]$）である。このとき，比例係数 s は $5.67 \times 10^{-8}\,\mathrm{W/(m^2 \cdot K^4)}$ である。この比例係数が 8.1 節で述べたケルビンを定義するボルツマン定数である。

この式は物体の温度が上昇すると放射する電磁波（赤外線放射強度）は大きくなることを示しているが，それだけではなく，放射光の波長が短波長側に移動する（**図 8.8**）。ある温度で放射強度が最大となるピーク波長は，ウィーン

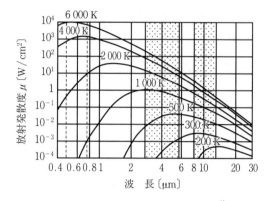

図8.8 プランクの黒体放射 [2]

の法則により決まる。λ_{max} を黒体から放射されるピーク波長，T を絶対温度とすると

$$\lambda_{max} = \frac{b}{T} \tag{8.5}$$

の関係がある。λ_{max} の単位を〔μm〕，T の単位を〔K〕とすると，比例係数 b はおよそ 2898 μm·K となる。ここから 300 K におけるピーク波長を求めると，約 9.7 μm となる。逆に光や電磁波を放出している物体があれば，その波長から温度を推測することができる。太陽の温度が何度とか，遠くの星の温度が何度という数値はこの法則を元に推測されている。

　さて人体は可視光線をほぼ反射しそれ以外の電磁波はほぼ吸収するが，全波長の電磁波に対して可視光線はごく一部に過ぎないので，人体はほぼ黒体と考えてもよい。また人間は 310 K くらいの温度であるので赤外線領域の電磁波を放出していると考えられる。体表から放射される赤外線の波長は広く見積もっても 8 〜 13 μm である。したがってこの波長の赤外光の強度を計測すれば，体表の温度分布を非接触で計測できることになる。

　図8.9 はその方法で測定された温度分布写真

図8.9 サーモグラフィ [2]

（といっても本書は白黒なので脳内でカラーに変換してください）。これがサーモグラフィ（thermo（熱）＋graphy（写真））である。赤外線センサとしてHgCdTe（テルル化カドミウム水銀）やInSb（アンチモン化インジウム）を用いている。温度分解能は高く0.01〜0.1℃程度である。ただし物体の表面を反射した赤外線も検出してしまうので，物によっては誤差が生じることもある。

コラム　1カロリーは1カロリー？それとも1キロカロリー？

　水はさまざまな物理量の単位に痕跡を残している。現在のSI単位の定義では水を使った定義は残っていないが，その量の大きさは水を基準にしたままである。1キログラムは水1リットルの重さであり，温度は水が氷る温度が0℃，沸騰する温度が100℃になるように単位が調整されている。

　熱量のカロリーは水1gを1℃上昇させる量だが，この単位は物理の世界ではあまり使われていない。ジュールのほうがメートル×ニュートンで計算できるため換算の必要がないためだ。

　また水の比熱は温度によって変わる。つまり水の温度によって1℃上昇させる熱量が変わる。このため1 calは何ジュールかという定義は世界で統一されていない。日本ではカロリーは計量単位令によって，「ジュールまたはワット秒の四・一八四倍」と定められている。つまり1カロリー＝4.184ジュールである。じつはこの法令によって日本で使われる物理量の表記は定められている。

　さてカロリーは栄養学，具体的には食物が持つ熱量（エネルギー）として用いられる。「ご飯茶碗1杯で200カロリー」という具合である。このようないい方を聞いたことがあると思うが，じつはこれは誤りで200キロカロリーとしなければならない。

　キロカロリーをカロリーと称する混乱には理由がある。カロリーが作られた歴史的経緯により，〔Cal〕と〔cal〕の二つの単位が存在していた。どちらも読み方は「カロリー」である。1 Cal＝1000 cal＝1 kcalである。〔Cal〕であることを強調するときは大カロリーなどといい区別していたが，この単位を必要とする場合ではkcalオーダーの値を扱うことが多いので，その名残で200カロリーといういい方が残ったのである。

また実際の体温を測っているわけではないので，医学的な意味を持たせる際には注意が必要である。

章 末 問 題

【8.1】 同じ部屋においてある机のほうが，その部屋の空気よりも冷たく感じるのはなぜか。

① 机の温度が空気よりも低いから。

② 空気は対流によって暖められているから。

③ 空気から輻射によって手に熱が伝わるから。

④ 手から空気に移動する熱よりも机に移動する熱のほうが多いから。

⑤ 空気には熱が移動しないから。

【8.2】 気体の体積が V，温度を T とするとき，シャルルの法則が $V/T=$ 一定と表せる。このとき T の単位として適切なものはどれか。

① K　　② ℃　　③ ℉　　④ rad　　⑤ sr

【8.3】 誤っているのはどれか。

① 熱はエネルギーであり，単位は〔J〕（ジュール）が使われる。

② 水1gを温度1℃上昇させる熱量を1ケルビン（K）という。

③ 1 cal ≒ 4.2 J であり水の比熱は 4.2 J/(g·K) となる。

④ 固体から液体へ，液体から気体へ状態が変化するとき，温度上昇を伴わない状態で変化する際に費やされる熱融解熱や気化熱を潜熱という。

⑤ 熱の伝わりやすさを熱伝導率という。

【8.4】 30℃の水100gに10℃の水を加えて15℃にするとき，10℃の水の質量はどれか。（臨床工学技士国家試験 第19回）

① 100 g　　② 200 g　　③ 300 g　　④ 400 g　　⑤ 500 g

9

電 気 メ ス

　医療機器の一つに電気メスがある。電気メスの原理や特徴を理解するためには電気に係るいくつかの物理現象を理解しなければならない。電気はいままで扱った物理と違う現象と考える人もいるかもしれないがそうではない。ここでは電気メスで切除する原理とそのためのエネルギーがどこから生まれてくるのかを理解するためにこれまでの知識と関連付けながら電気現象を扱う。

9.1　電気メスの原理

　電気メスは細胞に熱を与えることによって細胞を水蒸気爆発させる。これによって人体を切断する。**図 9.1** のように細胞内の液体の水を熱によって気体の水に変えることで体積を膨張させ，細胞内の圧力を高めることで細胞を破壊している。8 章で扱った水を気化させる熱に相当するエネルギーが細胞の破壊のために必要となる。

　電気メスはどのように細胞に熱を与えるのであろうか。8 章で熱の伝わり方には三つの種類があると説明したが，ここで説明する電気メスはこのどれにも

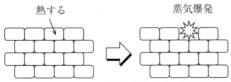

熱する　　　　　　　　　蒸気爆発

細胞を熱することで細胞内の水が気体になり，
細胞の体積が増加して細胞が破壊される。

図 9.1

当たらない。電気メス自体が高温となり生体組織と接触することで熱を与え破壊する原理の電気メス，つまり熱の伝導による電気メスがあるかもしれないが，その方式の電気メスでは一定の切れ味を維持するのは難しい。液体の水を気体にするためには大きな潜熱を必要とすることは8章で紹介した。つまり，接触によって細胞を水蒸気爆発させるためには多くの熱を細胞に移動させる必要があり，それによって温度が低下すると切れ味が低下することになる。この欠点を補うには大きな熱容量を備え，かつ高い温度を維持するということが必要となり，効率や火傷などの危険性を持つことになるので現実的ではない。

図 9.2（ a ）のように熱を伝える方法では切れ味にムラが生じてしまうので，一般的な電気メスは熱を伝えているのではなく，図（ b ）のように細胞自体に熱を発生させるという方式をとっている。本章ではこの熱を発生させるという現象を詳しく説明し，電気メスの原理の理解を促す。

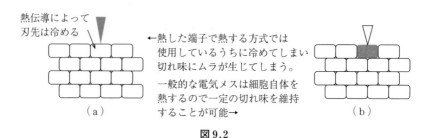

熱伝導によって刃先は冷める

←熱した端子で熱する方式では使用しているうちに冷めてしまい切れ味にムラが生じてしまう。

一般的な電気メスは細胞自体を熱するので一定の切れ味を維持することが可能→

（a）　　　　（b）

図 9.2

9.2　電気が持つエネルギー

熱はジュールの単位で表す物理量，つまりエネルギーである。熱を発生させるためには何かのエネルギーを熱に変換しなければならない。電気メスは電気エネルギーが熱に変換される。では電気が持つエネルギーとはどこから生じているのだろうか。

2章で学んだ位置エネルギーを思い返してみると，重力加速度 g のとき質量 m の物体が基準の位置から h の高さに存在するときの位置エネルギーは mgh

である。これは物体にはつねに mg の力が働いており，その力に逆らって h の長さだけなした仕事の分，物体にエネルギーが蓄えられたと考えることができる。またこの物体を落下させたとき基準の位置までに位置エネルギー mgh が失われ，同じ量の運動エネルギーに変換される。**図9.3** のように電気の場合もこれと同じ現象と考える。

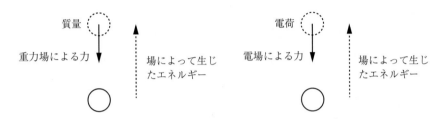

質量が位置エネルギーを失って生み出すエネルギーと
電荷が生み出すエネルギーは同じこと

図9.3

　電気と呼ばれるものの正体は電荷である。電気現象のほとんどはこの電荷の挙動である。電荷とは物質に存在する電気の性質を表す物理量である。電荷には正電荷と負電荷の二つの種類があり，物質中に存在する電荷の総和を，その物質の電荷量という。

　電荷量は正負があるスカラー量であり，単位はクーロン〔C〕である。電荷量は保存され，消えたり発生したりはしない。電荷の実態は自由電子やイオンである。電子は陽電子と対消滅したり，核崩壊で発生したりするが，この場合も正負の同じ大きさの電荷量が合わさって消滅する（e〔C〕$+$（$-e$）〔C〕$=$ 0 C）など電荷量の和は変化しない。

　さてこの電荷が位置エネルギーを持つためには，重力のようにつねにかかっている力が必要である。この力をもたらすものが電場である。電荷に働く力は電場がもたらす。これは物体に働く力は重力場がもたらすのと同じ関係である。電場は重力場と同じく向きと大きさを持つベクトル量であり，大きさの単位は〔V/m〕や〔N/C〕が使われる。

電荷量 Q の電荷が一様な電場 $\vec{E}$ にあるとき，この電荷に働く力 $\vec{F}$ は

$$\vec{F} = Q\vec{E} \tag{9.1}$$

と表される。$\vec{F}$ の大きさの単位が〔N〕，Q の単位が〔C〕のとき，$\vec{E}$ の単位は〔N/C〕であるが，これは〔V/m〕と同じである。つまり $1\,\mathrm{N/C} = 1\,\mathrm{V/m}$ である。電場についての説明は 10 章でも行うがここでは式（9.1）の関係を覚えてほしい。

式（9.1）は電場と働く力はベクトル量で同じ方向となることを意味しているが，電荷量 Q が負である場合は力 $\vec{F}$ と電場 $\vec{E}$ の向きは逆向きとなる。

図 9.3 のように電荷は電場から力を受けるので，電場に逆らって仕事をなすと重力による位置エネルギーと同じように電場の位置エネルギーが蓄えられる。例えば均一な電場 $\vec{E}$ があり，電場から働く力 $\vec{F}$ に逆らって（つまりの $-\vec{F}$ 力で）電荷 Q を長さ $\vec{x}$ だけ移動させた場合になす仕事，あるいは電荷が増加する位置エネルギー W は，式（2.8），（9.1）より

$$W = -\vec{F} \cdot \vec{x} = -Q\vec{E} \cdot \vec{x} \tag{9.2}$$

と表される。この式は電場 $\vec{E}$ が均一な電場の場合であり，そうでない場合は積分して考える必要があるが，本章では電場は一様な電場として考える。

電場 $\vec{E}$ と長さ $\vec{x}$ の内積を

$$V = -\vec{E} \cdot \vec{x} \tag{9.3}$$

とおく。$\vec{E}$ の大きさの単位が〔V/m〕，$\vec{x}$ の大きさの単位が〔m〕のとき，V はスカラー量であり，その単位は〔V〕（ボルト）となる。式（9.3）を使うと式（9.2）は

$$W = QV \tag{9.4}$$

となり，電場の形や距離によらず電荷量の大きさと V のみで評価できるようになる。この式の意味は図 9.4 のようにエネルギーを電荷の移動前後の V の値で表現できることを意味している。

この V を電圧（電位）という。電圧という表現をとった場合は二点間の電位の差を意味する。電位とは基準となる電位を 0 としたときの電圧であるが，同じ電位であることは基準点がどこにあっても変わらない。これはちょうど高

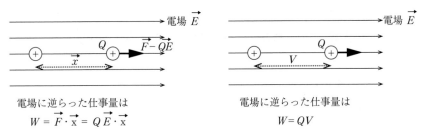

図9.4　電圧の概念を導入することで仕事量（エネルギー）を簡単に表現することができる

さと同じ概念である。高さは基準となる位置（0 mの高さ）がどこか決まらないと具体的な数値が決定しない。例えば海水面であったり，地表であったり，1階の地面が基準となって高さが決まる。二点間の高さ（例えば身長）なら具体的な数値を定めることができて，基準点がどこにあっても変わらない。

　ここでポイントは，電場はベクトルであるが，電圧はスカラー量なので扱いが容易になることである。また二点間の電圧は経路によらずに決まる。つまり，図9.5 のように重力による位置エネルギーと同じく，電荷を移動させるエネルギーは経路によらず二点間の電圧によって決まる。つまり電気の持つエネルギーとは電荷が電位差のある位置へ移動することで生じることを示している。電気メスの熱エネルギーも電荷の移動によって生まれる。

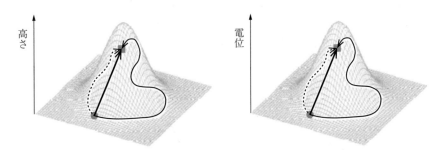

位置エネルギーも電場によるエネルギーも
経路によらず始点（●）と終点（■）で決まる

図9.5

9.3 キルヒホッフの法則とオームの法則

　式（9.4）で電気エネルギーが電圧と電荷の積で表せることは示した。だが電気回路で電荷量という物理量は実際には扱いにくい。そこで電流という概念を導入する。

　電流は時間当たりの電荷量で単位はアンペア（〔A〕＝〔C/s〕）が使われる。これは SI 基本単位の一つである。ある点において一定の電流 3 アンペアが 2 秒間の時間流れたとすると，その点を通過した電荷量は 3 アンペア×2 秒＝6 クーロンとなる。つまり一定の電流 I が時間 t だけ流れたとき，通過した電荷量 Q は

$$Q = It \tag{9.5}$$

である。もちろん電流が時間変化するならば電荷量は電流の時間積分である。

　この電流の流れる経路を回路と呼ぶ。電流は電荷の移動であり，電荷は保存され（突然消えたり，増えたりしない），回路を移動する電荷の速度がつねに一定なので，**図 9.6**(a)のようにある点に流れ込む電流量の和とその点から流れ出す電流量の和は等しくなる。これを**キルヒホッフの第一法則**という。

　また電圧は，二点間の電圧は経路によらず決まるのだから，どんな経路を通っても元の位置に戻ってくれば同じ電位，つまり電圧は 0 になる。つまり図

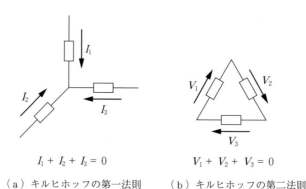

（a）キルヒホッフの第一法則　　（b）キルヒホッフの第二法則

図 9.6

（ｂ）のようにある閉じた回路（一周する経路）の電圧の和は0になる。これを**キルヒホッフの第二法則**という。

　電流の大きさはコイルを使って計測することができる（電気と磁気を参照，現在では違う方法が用いられることのほうが多い）。これで電流の大きさを測ることができる。

　電圧の源となるものを電源という。電池や発電によるものがこれにあたる。電源による電圧を起電力と呼ぶ。図（ｂ）のように電源を直列に連結するとキルヒホッフの第二法則からそこにつながっている何かには電圧が2倍，3倍と電源の数に応じて増えていく。**図9.7**のように何かに流れる電流を計測すると電圧と同じように2倍，3倍と増えていることが実験的に計測される。つまり電圧と電流は比例する。これを**オームの法則**という。

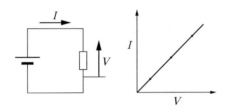

電圧と電流は比例する

図9.7　オームの法則

　ある物質に電圧 V がかかっているとき，その物質に流れる電流を I とすると両者の関係は

$$V = IR \qquad (9.6)$$

と表すことができる。この比例係数 R を抵抗という。抵抗の大きさを抵抗値という（単に抵抗という場合もある。また特に抵抗値を表さない物質的なニュアンスを強調する意味で抵抗器という場合もある）。抵抗値は正のスカラー値でありその単位はオーム〔Ω〕が用いられる。

　抵抗はその物質の電気的性質（電流の流れにくさ）を表すパラメータであり素材，形状，温度などで変化する。

キルヒホッフの法則とオームの法則を前提とすると電気回路が示す現象（どこにどれくらいの電圧がかかり，電流が流れるか）を理解することができる。

9.4　直列回路と並列回路

電荷は電位が高いところから低いところに流れる。抵抗に電流が流れるときオームの法則で $V = IR$ が成り立ち，電流が抵抗に流れ始める位置の電位は高く，抵抗の終わり側の電位は低くなる。**図 9.8** のように抵抗にかかる電圧は電位が低いほうを基準にして考える。電圧の基準点と電流の向きは気を付けないとオームの法則が成り立たないので注意が必要である。

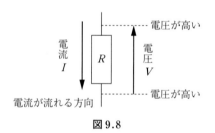

図 9.8

キルヒホッフの法則とオームの法則を使った電気回路の例として**図 9.9**(a)のような抵抗が直列になった回路を挙げる。まずキルヒホッフ第一法則ではある点に流れ込む電流の総和は等しいというものであったが，この回路は分岐する箇所がないため電流はどこでも等しく，一方向に流れていると考えることができる。つぎにキルヒホッフ第二法則により一周した経路では電圧の和が 0 に

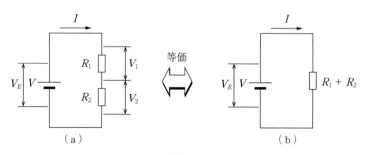

図 9.9

なるのだが電圧の向きに注意すると

$$V_E - V_1 - V_2 = 0 \qquad (9.7)$$

となる（$V_E = V_1 + V_2$）。

つぎにオームの法則であるが，二つの抵抗 R_1 と R_2 のそれぞれで式が成り立ち

$$V_1 = IR_1$$
$$V_2 = IR_2 \qquad (9.8)$$

という関係になる。

この三つの式を V_E と I について解くと

$$V_E = I(R_1 + R_2) \qquad (9.9)$$

となる。

この式は図（a）の回路は同じ電圧，電流，一つの抵抗 $R_1 + R_2$ で表した図（b）の回路と同じであると考えることができる。このように回路が異なっても同じ式で表せる（同じ現象である）回路を等価な回路という。また，このように複数の抵抗を一つの抵抗として表したものを合成抵抗という。抵抗 R_1 と R_2 の二つの直列抵抗の合成抵抗（の抵抗値）は $R_1 + R_2$ である。

図 9.10 の電気回路の例では抵抗が並列に接続されたものである。この回路では抵抗が並列になる部分で回路が分岐しているため，キルヒホッフ第一法則より

$$I - I_1 - I_2 = 0 \qquad (9.10)$$

が成り立つ（$I = I_1 + I_2$）。

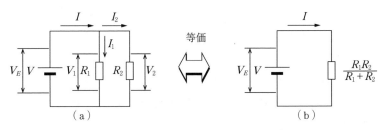

図 9.10

キルヒホッフ第二法則により一周した経路では電圧の和が0になる。この回路では，一周の経路が3パターン考えられ，それぞれ

$$V_E - V_1 = 0$$
$$V_E - V_2 = 0$$
$$V_1 - V_2 = 0 \tag{9.11}$$

が成り立つ。つまり

$$V_E = V_1 = V_2 \tag{9.12}$$

である。抵抗に流れ込む電流と電圧の関係はオームの法則より

$$V_1 = I_1 R_1$$
$$V_2 = I_2 R_2 \tag{9.13}$$

なので，これらの式を V_E と I について解くと

$$V_E = I \frac{R_1 R_2}{R_1 + R_2} \tag{9.14}$$

となる。先ほどと同じように等価な回路を考えることができ，抵抗 R_1 と R_2 の二つの並列抵抗の合成抵抗は $R_1 R_2 / (R_1 + R_2)$ である。

9.5 ジュール熱

電気エネルギーは電位が高いところから低いところに電荷が移動して生まれる。つまり，低い電圧に向かって電流が流れなければならないので，電圧が0の箇所では発生しない。またオームの法則より抵抗が0のときは電圧が0になる。つまり電気エネルギーが消費される場所はすべて抵抗がある箇所である。式（9.4），（9.5）から

$$W = VIt \tag{9.15}$$

となる。これは一定の電流 I が電圧 V に変化する箇所に時間 t の間，流れたときの電気のエネルギーを表している。両辺を時間で割ると，時間当たりのエネルギー P は

$$P = VI \tag{9.16}$$

となる。この時間当たりの電気エネルギーを電力という。電力の単位は電圧の単位を〔V〕，電流の単位を〔A〕とするとき〔W〕（ワット）が使われる。時間当たりのエネルギーなので，1 W = 1 J/s である。電力が一定ならば，電力にその時間をかけることでエネルギーを求めることができる。もし電力が一定でなければ，電力を時間積分したものがエネルギーとなる。

このエネルギーの単位はジュールであり，熱の物理量と同じ次元である。この電流が抵抗を流れるとき，抵抗が何かエネルギーを使うような仕事をしなければ，ここで算出された電気エネルギーは熱エネルギーに変換される。このときの熱をジュール熱という。

9.6　電気メスが狙ったところだけ切れる理由

細胞に電流が流れても同様に熱を発する。この熱量を細胞が水蒸気爆発させるのに十分な量であれば，細胞を破壊し電気メスのように切断することができる。

ジュール熱が生じるためには生体に電流が流れないといけない。生体は導線のようには電気を通さないが，電気抵抗が大きいだけで電流が流れないわけではない。生体に電流が全く流れないならば，電気によるエネルギーがないということで，雷が落ちても心配はいらないし，感電することもないはずである。

電流が存在するには，電荷が移動しなければならない。金属では自由電子が電荷となりその移動が電流となったが，生体の場合はイオンが電荷となる。イオンであっても，電荷がなす物理現象に違いはなく，これまでの式が適用できることには変わりがない。

細胞に電流が流れ，細胞の抵抗値があれば，ジュール熱を発する。超伝導体でなければ，すべてのものには抵抗値があり，細胞も抵抗とみなすことができる。電流の大きさが，細胞を破壊するに十分な熱エネルギーとなる大きさにしてやれば切断することが可能となる。

ところで，電流はメス先の細胞に流れて熱を発して終わりではない。キルヒ
ホッフの第一法則から，流れ込んだ電流はそこから流れ出ていかなければなら
ない。つまり流れ出た先の細胞も電流が流れ，ジュール熱を発することにな
る。電気メスが刃先の部分だけ切断でき，それ以外の細胞が切断されないのは
なぜか。

細胞がつながっている生体組織を**図9.11**のように考えると，電流が入り込
んだ点から電流は広がっていく。キルヒホッフの第一法則より入ってきた電流
と出ていく電流は同じ電流量になるのだから入り込んだ点から奥に行くほど電
流量は小さくなっていく。電力はオームの法則より電流の2乗に比例するのだ
から

$$VI = I^2 R \tag{9.17}$$

このときのジュール熱も電流の2乗に比例する。

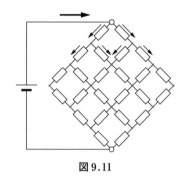

図9.11

さらに生体組織は立体なので，組織の一点から電流 I_0 が入り込み，そこか
ら点対称に電流が拡散すると仮定すると，入り込んだ点から距離 r 離れた点の
面積当たりの電流量は $I_0/2\pi r^2$ となる。これは電流を半球の面積で割った値で
ある。体の中に生じるジュール熱は電流の2乗，つまりメス先からの距離の4
乗に反比例することになる。つまり電気メス先から1cmの付近生じる熱量は
1mmの付近で生じる熱量の1万分の1となるので切断箇所の周りの組織に大
きな影響は出ないといえる。

ジュール熱はメス先から離れるほど急速に小さくなることを示したが，切断される周りの組織に全く熱の影響がないわけではない。ただこの熱は電気メスとしては良い効果を示す。生体組織を刃物などで切断した場合は出血が問題となるが，電気メスの場合は切断した箇所の周りを発生した熱がタンパク質を変性させて固めるので出血を抑える効果となる。電気メスの中には，この切断させずに変性させる効果のみを使うために出力を抑えたものもある。

さて電気メスではメス先にのみ電流が集中するためにメス先だけが切断されるという話をしたが，図9.11のような回路を考えると別な問題に気付く。図の回路の上の部分では電流が集中して高い熱が発生する。これがメス先で細胞を破壊する部分である。その後，電流は拡散し発生する熱は無害な状態になる。しかし電流はキルヒホッフの第一法則から，再度集中し出口付近では再び電流が大きくなり高い熱が発生することが推測される。

これと同じことは生体でも起こりうる。だがこれを防ぐことは難しくない。電流の生体での出口にあたる部分を広くしてやればよい。実際に体に電流の出口を設けるタイプの電気メスでは対極板と呼ばれるものを体に貼り付ける。この対極板が広い面積で電流を回収するので電流が集中せず，大きな熱が発生することがない。ただし，**図9.12**のように対極板と生体との接触が不十分である場合，熱傷が発生することがある。

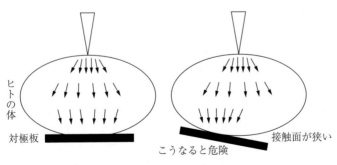

図 9.12

コラム　いろいろなメス

　電気メスが開発された後でも，金属製で止血能力の無いメスも数多くの場面で使用されている。電気メスとは異なり切開部が全く熱変成しないので，術後の整容性を損ないにくいという特徴がある。材質もステンレスの他，カーボンやチタンなど（ガラス製のメスはブラックジャックのマンガでしか見たことはありません）さまざまなものがあり，形状も鎌状のものや円盤状のもの，のこぎりのような形状のものなどさまざまなものがあり，用途によって使い分けられている。

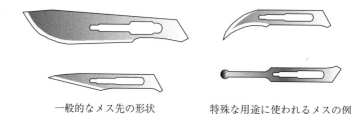

　　一般的なメス先の形状　　　　　　　特殊な用途に使われるメスの例

図　（文献3)を元に著者作成)

【レーザーメス】
　レーザー光によって生体組織を加熱して切開・止血を行う。電気メスと異なり体に電流を流さず，光の作用で機能するため，体液などの液中でも使用可能である。種類もレーザー源によって CO_2，YAG，ルビー，半導体レーザーなどさまざまな種類と特徴がある。体内腫瘍・痔・ほくろなどの切除・焼灼のほか，眼科領域で白内障の治療，歯科治療などで使われている。電気メスと異なり，刃先を生体組織に接触させる必要がないことから刃先が消耗せず，コストを下げられるメリットがある一方で，手術器具の金属面でレーザー光が反射して意図しないところを傷つける事故に気をつける必要がある。

【超音波メス】
　数万 Hz で刃先を振動させることで，摩擦熱によってタンパクを変成させて切開と止血をする。内視鏡用のメスとして使われることが多いメスだが，一般外科手術用のペンタイプの超音波メスもある。電気メスやレーザーメスに比べて低い温度（100℃前後）で凝固できるため，周囲の組織に対してダメージが少ないことと，超音波振動によってメス先の脂肪分は乳化し，脂肪が刃先に付着せず，切れ味を持続できることがメリットである。

別の方式の電気メスも存在する。電流の回収を対極板によって行うのではなく，手元のメスによって行う方式である。手元（メス部分）の電極が一つか二つかでモノポーラとバイポーラと呼ばれる。図9.12で説明していたのはモノポーラ方式である。**図9.13**のようにバイポーラ方式の場合，ピンセットのように二つの電極を体に当て，その二つの間に電流が流れる。このため周りに拡散する電流は少なく，対象物以外への影響を抑えることができる（切断面周辺の熱による変性も少なくなるので，出血はしやすくなる）。

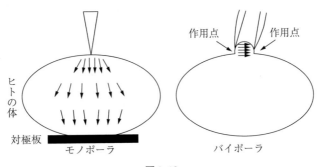

図9.13

章 末 問 題

【9.1】 電荷量の単位として適切なものはどれか。

① C ② V ③ A ④ V/m ⑤ Ω

【9.2】 モノポーラ式の電気メスについて誤っているものはどれか。

① 電流によって生じる熱で細胞の水分を水蒸気爆発させることで切開する

② 半田ごて同様に電気メスの先端が発熱することで止血させることができる。

③ 対極板と生体との接触面積を広くすることで熱傷を防ぐ。

④ ジュール熱は電流の2乗に比例する。

⑤ メスの先端から距離のある体内では電流密度が低下するのでメスの先付

近以外では熱の発生が抑えられる。

【9.3】 図のような電気回路がある場合，式として誤っているものを選べ。

① 回路全体の抵抗 $= R_1 + R_2$

② R_1 に流れる電流 $= R_2$ に流れる電流

③ $V_E = V_1 + V_2$

④ $I = V_E / (R_1 + R_2)$

⑤ $R_1 I + R_2 I = V_E I$

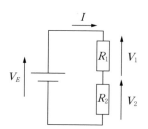

【9.4】 図のように同じ抵抗値 R の抵抗5個からなる回路がある。AB 間の合成抵抗はいくらか。

① R

② $2R$

③ $3R$

④ $4R$

⑤ $5R$

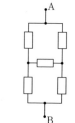

【9.5】 電気メスのメス先電極を組織と接触させて0.5秒間通電したところ，メス先の組織で1.0 kJ のジュール熱が発生した。電極部組織抵抗を500 Ω としたとき，流れた高周波電流は何 A か。（第2種 ME 技術実力検定試験 第30回）

① 0.25　② 0.5　③ 1.0　④ 2.0　⑤ 2.5

【9.6】 電気メスの出力電力を求めるために高周波電流計と分流抵抗を用い，図の回路を使用した。電流計の指示が30 mA のとき電気メスの出力はおよそいくらか。ただし，負荷抵抗300 Ω，高周波電流計の内部抵抗10 Ω，分流抵抗は0.5 Ω であり，すべて無誘導抵抗である。（第2種 ME 技術実力検定試験 第35回）

① 57 W

② 75 W

③ 97 W

④ 108 W

⑤ 119 W

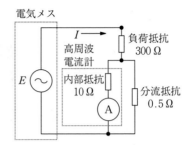

10

ペースメーカー

　ペースメーカーは電気によって心臓を拍動させることができる医療機器である。ペースメーカーで心臓を拍動させることができるということは，自然な状態でも電気で心臓が拍動しているということでもある。この「電気によって心臓を拍動させることができる」という現象を理解するためには電気とは何かをもっと知る必要がある。

10.1　生体内の電気

　9章で生体内に電流が流れることを説明した。外部から電流を流すだけでなく，生体の中からも電気が発生している。これは心電図波形や脳波が電圧として観測できることからもわかる。心臓などの筋肉が動くとき，また脳が働くときに電気に関する物理現象が生じているのである。

　ペースメーカーは外部から電気を使って心臓を拍動させている。心臓の拍動から電気が観測され，ペースメーカーから電気を流すことで心臓の拍動を誘発させることができるということは，自然な状態でも電気信号が心臓の拍動のタイミングをとっているということである。

　このような現象を理解するためには，前章で説明した電荷の性質をさらに理解し，その上で，生体内では電気がどのように生じているのかを理解する必要がある。

10.2　クーロンの法則

　まず，電荷の性質をさらに詳しく説明する。下敷きをこすって髪の毛が引っ張られるとき，髪の毛や下敷きの中には電荷が帯電する。電荷には反発したり引き合うという磁石のような性質がある。前章の式（9.1）で示したように電荷は電場から力を受ける。その一方で，**図 10.1** のように電荷には同じ符号同士は反発し，異なる符号同士は引き合うという性質がある。

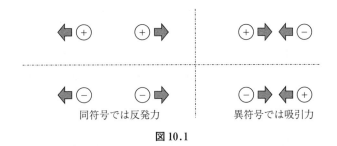

同符号では反発力　　　　　異符号では吸引力

図 10.1

　この現象はクーロンの法則と呼ばれ，距離 r 離れた二つの電荷 Q_1, Q_2 の間に働く力の大きさ F は

$$F = k \frac{Q_1 Q_2}{r^2} \tag{10.1}$$

と表される。この式は電荷の間に働く力の大きさは，電荷間の距離の 2 乗に反比例し，それぞれの電荷量の積に比例するというものである。k は後できちんと出てくるが，ここでは単に比例係数として考える。Q_1, Q_2 の単位が〔C〕，r の単位が〔m〕，F の単位が〔N〕ならば，k の単位は〔N·m^2/C^2〕などで表すことができる。またこの式は重力に関する式（1.5）と形が似ていることがわかるだろう。重力，静電気力，そして磁力のように直接接していない二つの物質の間に働く力はこのような形になる。

　クーロンの法則は電荷間に働く力を表しているが，電荷に対して非接触に力を作用する要素が式（9.1）の電場（$\vec{F} = Q\vec{E}$）と式（10.1）の電荷（$F = k \cdot Q_1 Q_2/$

r^2）の二つあるとすると，電荷に力が作用する現象を考えるときに複雑になってしまう。電荷に力が働いているときや加速しているときに，その電荷に影響を与える要素として電場と電荷の両方を想定して式を立てなければならないからである。それよりは電荷に力を作用させるのは電場だけと考えたほうが現象を簡単に理解することができるようになる。

では式（10.1）のクーロンの法則による力と式（9.1）の電場による力を両立させるにはどのように考えればよいか。まず図 10.1 の吸引・反発の現象の力の向きについて考えてみる。

$\vec{F} = Q\vec{E}$ より力と電場の向きは電荷の正負で同じ方向か逆方向かが決まる。クーロンの法則の力が電場によるものとすれば，同符号のとき反発する方向に力が働くためには，**図 10.2** のように正の電荷の場合は力の向きと電場の向きが同じ方向，負の電荷の場合は力の向きと電場の向きが逆方向でなければならない。異符号のときに吸引するという方向に力が働くのも同様である。

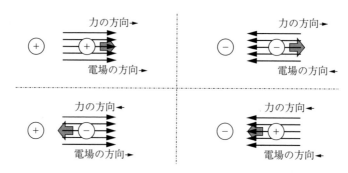

力が働かないほうの電場が正だと　　　力が働かないほうの電場が負だと
電場は右向き　　　　　　　　　　　　電場は左向き

図 10.2

この電場は何によって決定されるか。二つの電荷間に働く力なので，もう一方の電荷が関わっていることが推測できる。つまり一方の電荷の位置に働く電場の向きはもう一方の電荷の符号によって決まっていると考えることができる。また電荷同士に働く力の方向はつねにもう一つの電荷と直線で結んだ方向になる。もう一つの電荷の存在によって電場が変化すると考えにくいので，電

荷が作る電場の向きは**図10.3**のように電荷から放射する方向であり，電荷の正負によって向きが180度異なると考えられる。

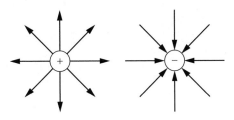

図10.3

ではその大きさはどうだろうか。距離 r 離れた二つの電荷 Q_1，Q_2 の間に働く力の大きさ F の関係を Q_1 の場所に大きさ E の電場が存在していることによると考えると

$$F = k\frac{Q_1Q_2}{r^2} = EQ_1 \tag{10.2}$$

となる。つまり，電荷 Q_2 が電荷 Q_1 の位置に大きさ E の電場を発生させたと考えることができて，式（10.2）から Q_1 を消すと，その大きさは $E = k \cdot Q_2 r^2$ となる。

すべての電荷には同じ性質があると考えると，電荷 Q が自身の周り（距離 r の位置）に発生させる電場の大きさ E は

$$E = k\frac{Q}{r^2} \tag{10.3}$$

と表すことができる。電荷の周りに存在する電場は**図10.4**のようなイメージとなる。

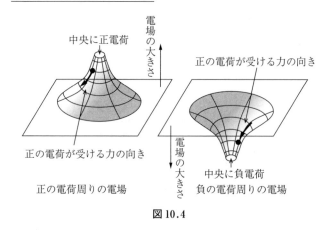

中央に正電荷

電場の大きさ

正の電荷が受ける力の向き

正の電荷が受ける力の向き

電場の大きさ

中央に負電荷
負の電荷周りの電場

正の電荷周りの電場

図 10.4

10.3　電場と電束密度

　式 (10.3) は発生する電場は距離の 2 乗に反比例するということを示しているが，距離の 2 乗に反比例するということはどのような意味を持つだろうか？

　ここで「距離の 2 乗に反比例する」の物理的な意味を考えてみる。距離の 2 乗とは面積である（$[m]^2 = [m^2]$）。面積に反比例する物理量ということは，面積当たりの物理量ということを意味する。

　また面積当たりの「何か」は，面積によって（つまり電荷からの距離によって）変化しない物理量である必要がある。そしてその値は電荷の大きさ Q に比例したものである必要がある。

　これを満たす概念として電束密度を定義する。電束密度とは図 10.5 のように面積当たりの電束の量のことである。電束は図 10.3 のように正の電荷から放射状に出て，負の電荷に入る性質となる仮想線である。電束は電場と同じ方向を向いており，何の理由もなく増えたり減ったりしない。また電荷量 $+Q$ の電荷から電束 Q が出て，電荷量 $-Q$ の電荷から電束 Q が入るものとすると，この仮想線の物理量の単位は電荷と同じく $[C]$（クーロン）が使われる。ゆえに電束密度の単位は $[C/m^2]$ となる。

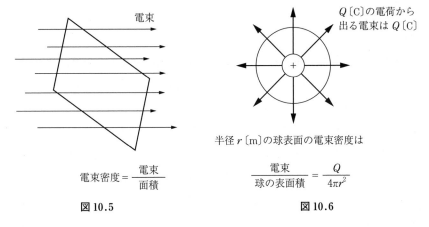

図 10.5　　　　　　　　　　　　図 10.6

電荷を閉曲面で囲んだとき，その閉曲面を貫く電束量は閉曲面の中の電荷量と同じになる。つまり，**図 10.6** のように電荷を中心に半径 r の球面を考えると，その球面を貫く電束は均一であり半径 r の球の表面積は $4\pi r^2$ なので，面積当たりの電束を電束密度 D と定義すると次式となる。

$$D=\frac{Q}{4\pi r^2} \tag{10.4}$$

このように電荷から電束が放出されるという考えに基づく電荷周りの電束密度は距離の 2 乗に反比例するという電荷の周りの電場と比例する物理量だといえる。電束密度と電場の関係は式 (10.3)，(10.4) から

$$D=\frac{Q}{4\pi r^2}=\frac{E}{4\pi k} \tag{10.5}$$

となる。ここで k は比例係数なので $k=1/4\pi$ としてしまえば $D=E$ になるように見えるが，そうすることはできない。なぜなら電束密度 D の単位は電束〔C〕/ 面積〔m^2〕なので〔$\mathrm{C/m}^2$〕，一方電場 E は $F=QE$ の関係から〔N/C〕である。なので何らかの比例係数が必要となる。電束密度 D と電場 E を最もシンプルに比例関係で示したとすると

$$D=\varepsilon E \tag{10.6}$$

となるが，この比例係数 ε の単位は計算すると〔$\mathrm{C/m}^2$〕/〔N/C〕=〔$\mathrm{C}^2/\mathrm{Nm}^2$〕

となる。この次元の単位については整理すると〔F/m〕となり，これがよく使われる。

　この比例係数 ε を誘電率という。誘電率は物質に依存するパラメータであり，例えば真空の誘電率はおよそ 8.85×10^{-12} F/m である。この真空の誘電率は特に ε_0 と表記され，電気定数と呼ばれる。

　この電束密度の方向は正の電荷から外向き，負の電荷では内向きとなり電場と同じである。式 (10.6) はスカラー量で表現したが，電場と電束密度はベクトル量であり，ある空間における電場と電束密度の関係は同じ向きを持つベクトル量として

$$\vec{D} = \varepsilon \vec{E} \tag{10.7}$$

と表記できる。

　式 (10.5) と式 (10.6) からクーロンの法則の比例係数 k を求めると

$$k = \frac{1}{4\pi\varepsilon} \tag{10.8}$$

となる。つまり式 (10.1) のクーロンの法則は k を使わずに

$$F = \frac{1}{4\pi\varepsilon}\frac{Q_1 Q_2}{r^2} \tag{10.9}$$

となり，式 (10.3) の電荷 Q が距離 r 離れた点に発生させる電場の大きさ E は

$$E = \frac{1}{4\pi\varepsilon}\frac{Q}{r^2} \tag{10.10}$$

と表すことができる。

コラム　ペースメーカーの歴史

　ペースメーカーの歴史は長く，初めて臨床応用されたのは 1958 年にスウェーデンで，日本では東大で 1963 年に行われた。すでに 60 年以上の歴史があるの

で，ペースメーカーが持つさまざまな課題に研究者らは果敢に挑戦してきた。このコラムではペースメーカーに関する三つの挑戦を紹介する。

【除細動器としての機能を持つペースメーカー】

ペースメーカーは心臓の収縮のタイミングを律する機能を有するが，その機能をもってしても心室細動や心室頻拍などの致死的な不整脈に陥ることもある。発生率は低いものの，いったん発生すると救命率は極めて低い病態である。植込み型除細動器（implantable cardioverter defibrillator, ICD）は致死的な不整脈を感知すると，直流電流を通電して不整脈を停止させる。また抗頻拍ペーシングの信号を送って頻脈を停止させることも可能である。一般的なAEDや除細動器では体外から心臓までの間に皮膚や筋肉などの電気抵抗となるものがあるが，ICDでは直接心臓に信号を送ることができるため，AEDよりも小さな出力で細動を止めることが可能で，ペースメーカーとほとんど変わらない大きさで作られている。

【100年以上電池の交換が不要なペースメーカー】

一般的なペースメーカーは7年程度で電池交換が必要である。未成年でペースメーカーを使い始めると何度も外科手術を受ける必要に迫られることが課題である。そこで，100年以上使用可能な電池として，プルトニウムを使った原子力電池を採用し実際に1970年台に臨床応用された。プルトニウムから発生するα線を熱から電気に変換する原理で，ドイツを中心に欧米で200例以上の患者に使用された。火災や自動車事故において原子力電池が破損した場合に，環境を被爆させる恐れがあるため，今では使用されなくなったが，原子力電池を使用したペースメーカーを使用した患者がその後34年以上生存した記録が報告されていることから実際に長寿命電池だったことがわかる。現在では体外から電磁誘導によって充電することのできるペースメーカーも販売されている。

【大手術が不要で心腔内に留置するペースメーカー】

一般的なペースメーカーは皮膚を切開して鎖骨下にペースメーカー本体を留置して，電極を心臓に挿し入れる手術を行うが，近年では血管の中を乾電池サイズのペースメーカーをカテーテル的に通して，心臓に留置するタイプのペースメーカーが医療応用されている。心室に直接留置するので，別途リード電極を設置する必要はない。設置後には体外から電磁波によって駆動を開始する。一般的なペースメーカーと異なり，一度留置したら簡単には取り出すことができないため，電池が消耗した場合はもう一つ同じペースメーカーを心臓内に留置する必要がある。

10.4 電気のエネルギーが蓄えられる仕組み（コンデンサ）

　前章で扱ったように電場中に電荷があると力が働き，その移動がエネルギーとなる。この電場は電荷から生じる電束密度に比例する。つまり電荷が存在することで電場が変化することが示された。

　このことは直流回路で，断線したときに電流が流れなくなることを説明できる。例えば**図 10.7** のように直列回路が断線した場合を考えてみる。

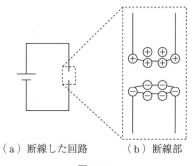

（a）断線した回路　　　（b）断線部

図 10.7

　一般的に断線したとき電流は流れない。だが，よく考えてみるとそもそも電流は電荷が動いていることを表し，電荷は力が働いているから動く。この力は電源から生じている。電源は断線したかどうかにかかわらず電場を構成しているはずなので，断線していても電流が流れなければおかしい。電流が流れないということは，電源で電荷に力が働いているが，その力と同じ逆向きの力が働いているからである。

　つまり電流は全く流れないわけではなく，ある程度流れ，図の断線部のように，電荷は断線部付近まで移動したところで行き先を失う。断線部に溜まった電荷は同じ符号の電荷と反発するので電源の力と釣り合い，それ以上動けない状態となる。このとき，電流が流れない状態となるのである。この状態は電荷の力が釣り合う状態であり，電荷に力が働いていないということは電場が 0 で

あることを意味する。つまり電源の電位と断線部の電位が等しくなっている状態である。

一方，キルヒホッフの法則により電流（電荷の移動）は流れ込む量と出ていく量が同じでなければならない。つまり断線部の逆側でも同じことが起きており，断線部を挟んで同じ大きさの逆符号の電荷が溜まることになる。

ではどのくらいの電荷が動く（電流が流れる）ことで電場が0になるのか，ここで計算を楽にするために**図 10.8** のように断線部分が平行な導体と仮定する。また断線部分以外に分布した電荷は無視できるほど小さいと仮定する。

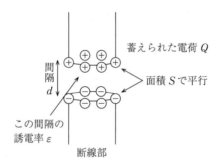

図 10.8

ここに蓄えられた電荷量を $+Q$ とするとここから放出される電束も Q である。断線部の電荷は同符号のため，お互い反発し合うので電極表面で均一に分布していると仮定できる。つまり電束 Q は図の断線部分に均一に分布している。断線部分の断面積を S とすると，断線部分の電束密度は

$$D = \frac{Q}{S} \tag{10.11}$$

となる。電場と電束密度の関係は式（10.6）であり，また間隔の長さを d とするとこの間の電位差は式（9.3）から $V = Ed$ となる（ここではベクトルを使わずに大きさだけで表現している）。

ゆえに断線部分に蓄えられた電荷と電位差の関係は

$$Q = \frac{\varepsilon S}{d} V \tag{10.12}$$

と表される。式（10.12）のうち，$\varepsilon S/d$ はこの断線した間隔部分のみで決まるパラメータであるので，これを C とおくと，Q と V を比例関係で

$$Q = CV \tag{10.13}$$

と表すことができる。

　この式は，あるパラメータ C の断線部分に電圧 V が印可されたとき，Q の電荷が蓄えられるということを表す。$C = \varepsilon S/d$ であるので，この断線部分の間隔が狭く，面積が広く，誘電率が大きいほど電荷を蓄えることができる。

　電荷が蓄えられることは単純に考えて，エネルギーを蓄えることとなるのでこのパラメータが大きいほどエネルギーを蓄える用途に使えることを意味している。

　C を大きくしてエネルギーを蓄えやすくした素子がコンデンサである。この C をコンデンサの電気容量（キャパシタンス）という。C の単位は $C = \varepsilon S/d$ からも計算できるとおり，〔F〕（ファラド）が使われる。また式（10.13）から〔C〕＝〔F〕〔V〕の関係があることもわかる。

　つまりコンデンサとは電流が流れないように絶縁体を挟んだ素子のうち電荷が溜まりやすく工夫した素子である。コンデンサの電気容量 C を大きくするには，面積を広くし，間隔を狭くし，高い誘電率の素材を使えばいい。間隔を狭くすることは，この中で最も容易と考えるかもしれないが，実際はそう簡単ではない。確かに 1 mm の隙間を 0.1 mm にすることは加工技術的には容易であるが，式（10.1）のクーロンの法則で示したように電荷間の力は距離の 2 乗に反比例する。よって隙間を 1/10 にすればそこには 100 倍の力が働くことになる。この力は異符号の電荷なので隙間を狭める方向に働く。つまり断線している電極の状態をくっつけて導通した状態に変わる力が働くことになる。電極が接触すればそこから電荷が流れてしまうため，せっかくのエネルギーを蓄える構造が無意味になってしまう。実際には隙間に高誘電体の絶縁物質を挟むことで接触することを防ぐのだが，この絶縁物質の強度を超えないように隙間と電圧を制限する必要が出てくる。このため，電気容量を大きくするためには基本的には面積を大きくする必要がある。

10.5 コンデンサに蓄えられたエネルギー

電気容量 C のコンデンサに電圧 V が印可され Q の電荷が蓄えられており式 (10.13) の $Q = CV$ が成立しているとする。V の差に Q の電荷があるので，この電荷の位置エネルギーは式 (9.4) を使って QV で求められそうだが，そうではない。コンデンサに蓄えられたエネルギーは以下のように考える必要がある。

いま時間 Δt の間に印可する電圧が V から $V + \Delta V$ に変化したとすると，蓄えられる電荷が $Q + \Delta Q = C\,(V + \Delta V)$ になるので，Δt の間に電荷は ΔQ だけ変化することになる。つまり

$$\Delta Q = C\Delta V \tag{10.14}$$

この両辺を Δt で割ると

$$\frac{\Delta Q}{\Delta t} = C\frac{\Delta V}{\Delta t} \tag{10.15}$$

となる。電荷の時間微分はコンデンサに流れる電流を意味するので，電荷，電圧を時間関数として微分をとるとコンデンサに流れる電流 $I(t)$ は

$$I(t) = \frac{dQ(t)}{dt} = C\frac{dV(t)}{dt} \tag{10.16}$$

と表すことができる（C は時間変化しない定数なので微分の外に出る）。

このコンデンサにおける電圧と電流の関係 $I(t) = CdV(t)/dt$ を用いることで，過渡現象などの電圧が変化する場合の解を求めることができる。

さて，いま電圧 V がかけられたコンデンサに電荷量 Q が蓄えられており，ここにさらに微小電荷量 ΔQ を追加するにはどのくらいのエネルギーが必要か。今の電位差は V なのだから，式 (9.4) より $\Delta W = \Delta QV$ のエネルギーを必要とすることが求められる。しかし，この電荷が蓄えられたことで，$Q + \Delta Q = C(V + \Delta V)$ を満たすように，コンデンサの電圧は ΔV だけ変化する。図 10.7（b）のように，つぎにさらに微小電荷量 ΔQ を追加するには

$$\Delta W = \Delta Q(V+\Delta V) \tag{10.17}$$

だけのエネルギーが必要となる。このように電荷が移動することで電圧が変化するため，コンデンサに蓄えられたエネルギーは単純に電荷×電圧で表すことができない。

　この現象をグラフで表す。**図 10.9**（a）は電荷が移動しても電圧が一定の場合だが，この場合のエネルギーは $W=QV$ で表される。縦軸：電圧－横軸：電荷で表したグラフの積分（面積）がエネルギーとなる。

　一方，コンデンサの場合は図（b）で電荷が移動すると電圧も変化する。このときの電圧と電荷の関係は $Q=CV$ を変形して

$$V = \frac{1}{C}Q \tag{10.18}$$

だからグラフ上で原点を通る直線となる。

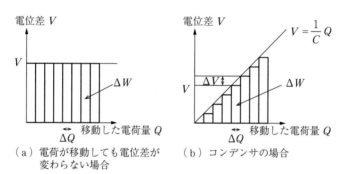

（a）電荷が移動しても電位差が変わらない場合　　（b）コンデンサの場合

図 10.9

　図（b）の ΔQ を限りなく 0 に近づける。するとグラフの積分は三角形の面積になる。つまり，電圧 V がかけられたコンデンサに電荷量 Q が蓄えられているとき，コンデンサに蓄えられたエネルギーは

$$W = \frac{1}{2}QV \tag{10.19}$$

となる。また $Q=CV$ より

$$W = \frac{1}{2}QV = \frac{1}{2}CV^2 = \frac{1}{2}\frac{Q^2}{C} \qquad (10.20)$$

と変形することができる。

　ここではコンデンサに電荷が蓄えられることでエネルギーが蓄えられることを説明した。これはつまり遮られた二つの空間に電荷量に差があるとき，そこにはエネルギーが蓄えられ，遮るものが取り払われたときにエネルギーを得られることを意味する。

10.6　細胞が電気を起こす仕組み

　体の中は金属でないので自由電子はない。ゆえに電荷の役割を果たすものは自由電子ではなく，電解質となる。

　生体の中の電解質はナトリウムイオン，カリウムイオン，カルシウムイオン，塩化物イオンなどが挙げられる。自由電子のみの金属と違い正の電荷と負の電荷が混在しているが金属の場合と同じように電圧や電流が生じると考えてよい。

　この電解質が存在するのは細胞の内外となる。細胞は細胞膜に覆われており，細胞膜は基本的にイオンを通さない。つまり細胞膜は電気的に絶縁されており，コンデンサとみなすことができる。

　細胞膜には特定のイオンを透過させるチャネルという機能（部分）がある。チャネルや細胞の構造についてはより詳しい専門書を参考にしてもらいたい。**図10.10**のように細胞内外に電荷量の差による電場があればエネルギーが蓄えられていることになる。このチャネルが開いてイオンが濃度差・電位差に従って通過するとき蓄えられたエネルギーが消費される。このエネルギーは細胞の周りに電位変化を生むことに使われ，微弱ながらも情報伝達のエネルギーとなり，生じた電位変化を活動電位という。

　このエネルギーは例えば心臓の拍動のための情報伝達に使われる。心臓の拍動は心筋細胞の収縮によって起こるが効率的な血流を作り出すためには心臓全

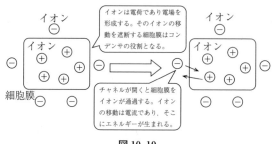

図 10.10

体の細胞が同期している必要がある。**図 10.11** のように心筋細胞は自分の細
胞の周りの電位が変化することをきっかけに自分自身の細胞のチャネルを開い
て電位変化を起こす。これがその周囲の細胞の電位変化を促し，心臓全体の収
縮を同期させる。

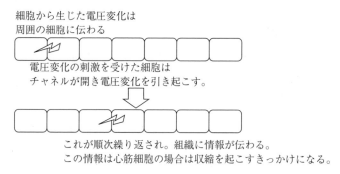

図 10.11

　逆にいえばこの電位変化を人工的に起こせば心臓が拍動するともいえる。心
臓には，もともと拍動を制御する細胞があるが，この細胞がきちんと働かなく
なり心臓の働きに異常をきたすことがある。このようなとき拍動を制御する細
胞が行っていた定期的な電位変化をペースメーカーが代替することで心臓の働
きを正常にすることができるのである。

　また，細胞の情報伝達がエネルギーによって起こっているので，エネルギー
を蓄える時間が必要である。エネルギーを蓄積させることは細胞膜のイオンポ
ンプが ATP などからエネルギーを取り出して細胞内外のイオンを移動させる。

イオンポンプは絶えず動こうとしているが，イオンポンプが一回に移動させるイオンと取り出せるエネルギーは決まっている。取り出せるエネルギーには上限があるので，イオンポンプの仕事にも上限があることになる。よって細胞のイオン濃度は一定の値で止まることになる。

　細胞が情報伝達のためにエネルギーを使った直後は，すぐにつぎの情報伝達を行うことができない。情報伝達の経路がきちんとした経路と間隔で伝わっていればよいが，これがうまくいかないと心臓はきちんとした収縮ができなくなる。これが心室細動と呼ばれる現象である。このような状態になってしまうと心臓の拍動の起点となる細胞が収縮の指令を出しても本体が応えることができなくなる。この状態から回復させるには，一度すべての細胞をリセットさせることが必要になる。これを行うのが AED である。

章 末 問 題

【10.1】　電束密度の単位として適切なものはどれか。
　　① C　　② C/m^2　　③ F　　④ V/m　　⑤ Ω

【10.2】　電気容量の単位として適切なものはどれか。
　　① C　　② C/m^2　　③ F　　④ V/m　　⑤ Ω

【10.3】　下記の中で誤っているものはどれか。
　① 細胞膜は基本的にイオンを通さず電気的に絶縁されていることから，コンデンサとみなすことができる。
　② コンデンサとは電流が流れないように絶縁体を挟んだ素子のうち電荷が溜まりやすく工夫した素子である。
　③ コンデンサの電気容量は断線部分の面積に比例し，断線部分の間隔に反比例し，断線部分の誘電率に比例する。
　④ 電荷には反発したり引き合うという磁石のような性質がある。

⑤ 心筋細胞は自分自身が電位を発生させて自分のまわりの細胞のチャネル
　を開かせることで連鎖的に電位変化を起こす。

【10.4】　電気容量が 20 μF のコンデンサに 10 V 電圧がかけられ十分時間経過
　した。このコンデンサに蓄えられた電荷量はいくらか。

　　① 50 μC　　② 100 μC　　③ 200 μC　　④ 1000 μC　　⑤ 2000 μC

【10.5】　電気容量が 20 μF のコンデンサに 10 V 電圧がかけられ十分時間経過
　した。このコンデンサに蓄えられたエネルギーはいくらか。

　　① 10 μJ　　② 50 μJ　　③ 100 μJ　　④ 500 μJ　　⑤ 1000 μJ

【10.6】　正しいのはどれか。（臨床工学技士国家試験　第 7 回）

　a：電荷に働く力はその場所の電界に比例する。

　b：電界とはその場所に置かれた電子の受ける力をいう。

　c：電界の単位は V/m^2 である。

　d：電気力線と等電位線は常に平行となる。

　e：1 C の電荷を移動させるのに 1 J 必要であるとき，の電位差を 1 V という。

　　① a b　　② a e　　③ b c　　④ c d　　⑤ d e

11

感　　　電

　電気メスは細胞を水蒸気爆発で切開するために数アンペアレベルの電流を流している。なぜ体に電流を流しても感電しないのか。感電とはどのような現象なのか。

11.1　感　電　と　は

　物理的な変化を生じさせるためにはエネルギーが必要であり，与えられたエネルギー以上の現象は起きない。したがって体に電気が流れたとしても，その電気エネルギー以上のことは起きない。エネルギーはさまざまな形（運動エネルギーや位置エネルギー，熱など）に変化する可能性があるが，体に流した電気エネルギーはほぼ熱エネルギーに変わる。電気メスの電気エネルギーは大きいとはいえ体の表面の一部を破壊する程度である。だから人を破壊するというエネルギーには足りないように見える。

　だが電気は人を死に至らしめるのに十分な作用を示し，そのために必要な電気エネルギーは電気メスで使用する量よりもずっと少ない。これは走っている車を指一本で止められるか？　という話に似ている。普通，小さいエネルギーでは大きな仕事をなすことはできないが，小さな力で車を止めることもできる。要するにエンジンを切ればよいのだ。つまり人や車のように複雑に構成されているシステムはその経路を遮断することで動作を停止させることができる。そのためのエネルギーはその経路を遮断するに足る分だけでよい。このような考え方は感電だけでなく，放射線のような弱いエネルギーが体に作用する

話や薬が体に影響する話でも応用できる。

感電において電気は何に作用しているのかといえば，前章で説明した活動電位につながる。特に人間の筋肉や神経の情報伝達には活動電位，つまり電圧変化が利用されている。ここに外部からの電気が作用し，感電が起こる。

表11.1のように，流れる電流による感電で生体に起きる現象は神経と筋肉への影響である。痛覚の神経を誤認識させることで痛みを感じさせる，筋肉への伝達を誤動作させることで収縮させる，心臓の伝達経路を乱すことで心室細動が起こるということである。

感電は電気のエネルギーの直接的な作用ではなく生体の情報伝達経路への影響である。つまり感電を理解しそれを防ぐためには，生体への電気現象を理解する必要がある。またそのためにはまず交流に関わる電気現象を理解する必要がある。

表11.1 人体の電撃反応[4]

電撃の種類	電流値〔mA〕	生体作用
マクロショック	1	ピリピリ感じ始める（最小感知電流）。
	10	手が離せなくなる（離脱限界電流）。
	100	心室細動が発生する（心室細動電流）。
ミクロショック	0.1	心室細動が発生する（心室細動電流）。

（注）　商用交流を1秒間通電。

11.2 交   流

交流とは大きさが周期的に変化する電流（または電圧）のことである。交流波形の多くは正弦波のことを指し，本書では特に断りなく平均0の正弦波である正弦波交流について扱う。

正弦波交流は時間とともに電圧もしくは電流が変化し横軸を時間，縦軸を電圧値（もしくは電流値）にとったグラフが正弦波形を描く。電圧値は正の値と負の値を繰り返す。**図11.1**のように最大の電圧の大きさを振幅といい，1波長が変化する時間を周期という。周期 T は周波数 f の逆数で

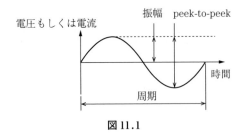

図 11.1

$$T = \frac{1}{f} \tag{11.1}$$

である。

　交流の電圧・電流の場合，振幅とは一般的に 0 V（接地電圧）から最大電圧の大きさを指す。実際の計測では計測機器の 0 V が正弦波の振動の中心にならないことが多いからである。また計測機器の 0 V が正弦波の振動の中心が大きく外れるような場合には振幅が電気回路を評価する上で正確な指標とならない可能性がある。そのようなとき電圧電流の大きさを最大値と最小値の差で表現する。これを peak-to-peak という。

　一つの波，例えば交流電圧がいまどのような状態であるかを表現するには，電圧値だけでは十分ではない。なぜなら同じ電圧値でも状態を一つに特定できないからである。例えば 0 V でも正から負に変化している 0 V と負から正に変化している 0 V の二つの状態が存在する。そこで波がいまどの状態であるかを表現するために，位相という概念を導入する。時間変化する交流電圧 $V(t)$ を表現するときに，振幅 V，角周波数 ω とすると

$$V(t) = V \sin \omega t \tag{11.2}$$

と表現できる。このとき正弦関数の入力値である ωt が位相となる。同様に

$$V(t) = V \sin(\omega t + \theta) \tag{11.3}$$

と表現された場合，位相は $\omega t + \theta$ である。特に $t = 0$ のときの位相を初期位相という。この場合は θ が初期位相である。

11.3 交流での電圧と電流の関係

交流であっても瞬間的な電気現象は直流回路のときと変わらず，キルヒホッフの法則や抵抗に関するオームの法則は同様に適用できると考えてよい。つまり抵抗にかかる電圧と流れる電流の関係は

$$V(t) = RI(t) \tag{11.4}$$

で表現できる。ただ，交流回路では位相というパラメータが追加される。電圧値や電流値が同じでも位相が異なれば回路としては違う状態であると考えなければならない。特にコンデンサやコイルの電圧・電流特性は微分積分の要素が入るため時間の流れ（つまり位相）を考えなくてはならない。

コンデンサの電圧と電流の関係は式（10.16）より

$$I(t) = C\frac{dV(t)}{dt} \tag{11.5}$$

コイルの電圧と電流の関係は，ファラデーの法則から求められ，ここではその過程の説明を省略するが

$$V(t) = L\frac{dI(t)}{dt} \tag{11.6}$$

である。L はインダクタンスといいコイルの特性を表すパラメータで，単位は〔H〕（ヘンリー）である。

交流電圧 $V\sin\omega t$ が抵抗 R の両端にかかっているとき，抵抗に流れる電流 $I(t)$ は，式（11.4）の $V(t)$ に代入すればいいので

$$I(t) = \frac{V\sin\omega t}{R} \tag{11.7}$$

となる。またコンデンサに交流電圧がかかったときの電流 $I(t)$ は，式（11.5）より微分計算の必要があるが

$$I(t) = C\frac{dV\sin\omega t}{dt} = \omega CV\cos\omega t = \omega CV\sin\left(\omega t + \frac{\pi}{2}\right) \tag{11.8}$$

となる。同様にコイルでは式 (11.6) から $I(t)$ の式にするには積分の形となり

$$I(t) = \frac{1}{L}\int V\sin\omega t\,dt = \frac{-V\cos\omega t}{\omega L} = \frac{1}{\omega L}V\sin\left(\omega t - \frac{\pi}{2}\right) \qquad (11.9)$$

となる。単に電圧 $V\sin\omega t$ と電流 $I(t)$ が比例するのではないことがわかるだろう。位相について注目すると，抵抗では電圧が位相 ωt に対して電流が ωt と位相のずれはないが，コンデンサでは電圧が ωt に対して電流が $\omega t +$ と $\pi/2$ 電流が電圧よりも $\pi/2$ だけ位相が進む。一方，コイルでは電圧が ωt に対して電流が $\omega t - \pi/2$ と電流が電圧よりも $\pi/2$ だけ位相が遅れる。

このような電圧と電流の関係のとき，抵抗・コイル・コンデンサを含んだ直列や並列の計算が複雑になる。

例えば，図 11.2 のようなコンデンサと抵抗の並列回路を考えると，交流電圧 $V\sin\omega t$ の電源から流れる電流は

$$I(t) = \frac{V\sin\omega t}{R} + \omega C V\sin\left(\omega t + \frac{\pi}{2}\right) \qquad (11.10)$$

となる。コンデンサと抵抗にかかる電圧は同じであるため，電流は式 (11.7) と式 (11.8) の和になる。このような式では，見ただけでどのような現象が起きているかを読み解くことが難しい。

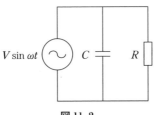

図 11.2

直流回路のときは合成抵抗を簡単に計算することができたが，交流回路で計算が複雑になってしまうのは，電圧と電流を比例関係で表現できないためである。もし交流回路で，電圧と電流を比例関係（線形）で表すことができれば直流回路と同じくらいの容易さで回路の計算を表現することが可能となる。

簡単に計算できない理由として，交流回路は直流回路のように電圧・電流と

いう値の大きさに加えて，位相というパラメータがあるためである。例えば式
(11.8) は電圧の大きさを ωC 倍して位相を $+\pi/2$ したものが電流ということ
を示しているが，変数 X が「電圧の大きさを ωC 倍して位相を $+\pi/2$ する」
ことを意味する式を立てることができれば，式 (11.8) は $I(t) = XV(t)$ と表す
ことが可能である。

　だが位相という次元は電圧・電流と異なるので，一つの数式で表せない。一
つの式で大きさと位相の二つのパラメータを扱うことができればこの問題を解
決できる。そこで複素数を使う。

11.4　交流の複素表現

　交流回路を簡単に表現するために用いられるのが複素数である。複素数は実
数＋虚数という形なので二つのパラメータを一つの値で扱っている。また角度
を扱う極座標表現への変換が容易であることが位相を扱う交流の計算に合って
いる。

　虚数単位を j とする複素数を表すとき，$x + jy$ のように実軸の値と虚軸の値
の直交する軸のパラメータで表現することを直交座標表現という。極座標表現
は原点からの方向（角度）と距離（大きさ）のパラメータを使った表現であ
る。

　図 11.3 で表した $1 + j\sqrt{3}$ と $2e^{j\pi/3}$ はどちらも同じ複素平面上の点を表す同じ
複素数である。つまり

$$1 + j\sqrt{3} = 2e^{j\frac{\pi}{3}} \tag{11.11}$$

である。極座標で使われる e はネイピア数で $e \doteqdot 2.718\,281\,828\,46$ となる数だが

$$e^{j\theta} = \cos\theta + j\sin\theta \tag{11.12}$$

と表すことができる。これは定義ではなく，オイラーの公式と呼ばれる数学的
に導かれる等式である。

　これによって角度と大きさの二つの数値を一つの項で表すことができる。さ
らに数学的に等しい関係なので，指数の計算も同じように

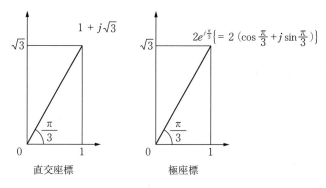

図 11.3

$$e^{j(\theta + \varphi)} = e^{j\theta} \cdot e^{j\varphi} \tag{11.13}$$

と積の関係で角度の和・差（進み・遅れ）を表現することができる。

　複素数を使って，交流における電圧と電流の関係を表現することを考える。交流電圧 $V\sin\omega t$ は電圧の大きさが V，位相が ωt なので，$Ve^{j\omega t}$ と表すとすると，この電圧がかかった抵抗に流れる電流は $I = V\sin\omega t/R$ より，大きさ V/R，位相が ωt なので，式（11.7）を複素数に置き換えると

$$\dot{I}(t) = \frac{1}{R}\,Ve^{j\omega t} \tag{11.14}$$

となる。$\dot{I}(t)$ は複素数で表現できる複素電流であり，$\dot{I}(t) = Ie^{j\omega t}$ のような形で表現され，大きさ I，位相 ωt の電流であることを意味する。

　同様にコンデンサに関して，式（11.8）は

$$\dot{I}(t) = \omega CVe^{j\left(\omega t + \frac{\pi}{2}\right)} \tag{11.15}$$

と表せる。式（11.13）のように指数部分を切り分けられるので，複素電圧 $Ve^{j\omega t}$ と分けて表現すると

$$\dot{I}(t) = \omega Ce^{j\frac{\pi}{2}} \cdot Ve^{j\omega t} \tag{11.16}$$

$e^{j\frac{\pi}{2}} = j$ なので，式（11.16）は

$$\dot{I}(t) = j\omega C \cdot Ve^{j\omega t} \tag{11.17}$$

となる。同様にコイルに関して，式（11.10）は

$$\dot{I}(t) = \frac{V}{\omega L} e^{j\left(\omega t - \frac{\pi}{2}\right)} = \frac{1}{\omega L} e^{j\left(-\frac{\pi}{2}\right)} V e^{j\omega t} = \frac{1}{j\omega L} V e^{j\omega t} \tag{11.18}$$

電圧電流を複素数であるとわかりやすくするために $\dot{I}$, $\dot{V}$ と表すと，抵抗，コンデンサ，コイルにおいて複素電圧 $\dot{V}$ と複素電流 $\dot{I}$ の関係は

$$\dot{V} = R\dot{I}$$

$$\dot{V} = \frac{1}{j\omega C} \dot{I}$$

$$\dot{V} = j\omega L\dot{I} \tag{11.19}$$

と表せる。つまり交流回路において複素電圧 $\dot{V}$ と複素電流 $\dot{I}$ の関係を，比例係数 $\dot{Z}$ を用いて

$$\dot{V} = \dot{Z}\dot{I} \tag{11.20}$$

と線形（比例）の関係で表すことが可能となる。この比例係数 $\dot{Z}$ をインピーダンスという。インピーダンスは式（11.19）から抵抗で R，コンデンサで $1/j\omega C$，コイルで $j\omega L$ であり，これを使うことで，抵抗・コイル・コンデンサの素子を同等に扱うことが可能になり，合成抵抗のときと同じように簡単に合成インピーダンスを計算できるということを意味する。

例えば，**図 11.4** のような，角周波数を ω とする交流電圧がかかった抵抗とコンデンサの直列回路を考える。抵抗のインピーダンスは R，コンデンサのインピーダンスは $1/j\omega C$ なので，合成インピーダンスは抵抗と同じように計算して

$$\dot{Z} = R + \frac{1}{j\omega C} \tag{11.21}$$

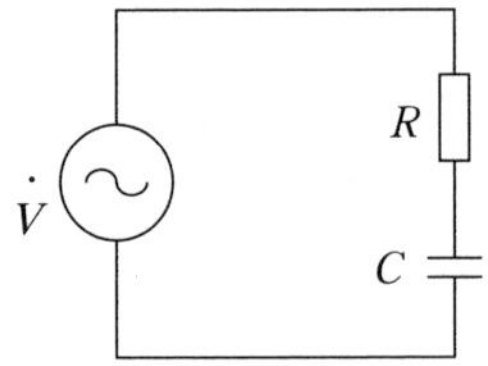

となる。つまり，この回路に流れる電流 $\dot{I}$ は，電圧 $\dot{V}$ を使って

図 11.4

$$\dot{I} = \frac{\dot{V}}{R + \dfrac{1}{j\omega C}} \tag{11.22}$$

と表すことができる。

また，この回路において抵抗にかかる電圧 $\dot{V}_R$ は

$$\dot{V}_R = \dot{I}R = \frac{R}{R+\dfrac{1}{j\omega C}}\,\dot{V} \tag{11.23}$$

となる。電圧の大きさや電流の大きさは複素数の絶対値から得られる。

つまり抵抗にかかる電圧の大きさは $|\dot{V}_R|$ で得られ

$$|\dot{V}_R| = \left|\frac{R}{R+\dfrac{1}{j\omega C}}\,\dot{V}\right| = \left|\frac{R}{R+\dfrac{1}{j\omega C}}\right||\dot{V}| = \frac{R}{\sqrt{R^2+\left(\dfrac{1}{\omega C}\right)^2}}|\dot{V}| \tag{11.24}$$

であり，電源を入力，抵抗電圧を出力としてみると入出力比は

$$\frac{|\dot{V}_R|}{|\dot{V}_R|} = \frac{R}{\sqrt{R^2+\left(\dfrac{1}{\omega C}\right)^2}} \tag{11.25}$$

と表せる。この式は，角周波数が∞の極限のとき入出力比は1に収束し，角周波数が0の極限をとるとき入出力比は0に収束する。つまり高周波数の入力信号は大きく出力され，低周波数の入力信号は小さく出力されるということである。

図11.5のような回路はフィルタと呼ばれる。回路構成によって低周波数帯を通過させるローパスフィルタ，高周波数帯を通過させるハイパスフィルタ，特定の周波数帯を通過させるバンドパスフィルタなどがある。また抵抗・コイル・コンデンサといった受動素子だけでなく，半導体を用いた能動素子によるフィルタも存在する。

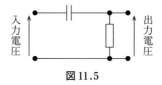

図11.5

11.5 電気メスで感電しないのはなぜか

　ここまで交流回路における電気現象について説明した。これを踏まえて感電について説明する。

　11.1節の表で示したように感電を起こす電流は小さい。この小さい電流がもたらす電気エネルギー自体は小さいが，10章で触れた細胞の活動電位による情報伝達部分に作用することで，生体に大きな影響を引き起こしている。

　細胞は自身の周囲の電位変化を利用して情報を伝達している。外部から入力された電気がこの情報伝達に作用することで生体の情報伝達に誤作動を引き起こすことが感電である。それゆえ感電は痛覚や視覚，筋肉の動作といった神経伝達が関係している場所に影響を及ぼす。

　では，小さな電流でも感電が起こるのに電気メスによる電流が安全なのはなぜだろうか。細胞の電位変化が感電の重要な要素であるので，これは細胞膜にどのくらいの電圧がかかっているのかを考えればわかる。

　前章で細胞はコンデンサとして考えることができることを述べた。体内で電荷の役割を担うのはイオンであり，細胞外液，細胞内液がイオンの通り道となる。また細胞を囲む細胞膜は基本的にはイオンを通さない絶縁体として機能す

コラム　電磁血流計

　電磁血流計は血管や体外循環のチューブ内を流れる血液量を計測するための医療機器として販売されていた。この電磁血流計はプローブの大きさが超音波よりも小さくできることなどの利点があったが，作製の難しさとコストの問題で現在はほとんどが超音波ドップラーを利用した血流計が使われている。血流計には熱や色素やレーザーを用いる方式もあるが，血管を傷つけることなく計測でき，乱流であっても計測できるため電磁血流計は有用な医療機器であった。

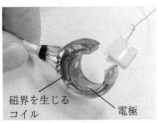

血管の外側にかぶせて血流速度を
計測する電磁血流計プローブ

図1

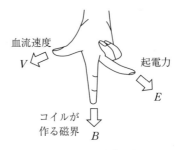

ファラデーの電磁誘導の法則

図2

電磁流量計は，磁界の中を導電性流体が動くと，その物体内に起電力が発生するというファラデーの電磁誘導の法則（ファラデーの右手の法則）を測定原理としており，つぎの式に基づいている。

$E = kBVD$

　　E：起電力

　　k：比例定数

　　B：コイルが生じる磁束密度

　　V：導電性流体（血液）の平均流速

　　D：プローブの内径（血管の直径）

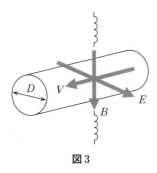

図3

　コイルに電流を流して計測管内に磁界を作り，その中を流れる血液の流速に伴って生じる起電力の大きさを検出する。流速と径から流量を算出する流量計である。医療分野ではほとんど使われなくなってきたが，液体の温度，圧力，密度，粘度の影響をほとんど受けないという優れた特性を生かして，上下水道や食品や工場などさまざまな液体の流量を計測するセンサとして今でも一般的に利用されている。

る。つまり**図11.6**のように，細胞外液・細胞内液を抵抗，細胞膜をコンデンサに置き換えた回路モデルとして組織を表現することができる。このような組織の等価回路を細胞膜のコンデンサとその他のインピーダンスから構成されているとみなす。ここに電流 $\dot{I}$ が流れているとすると，細胞膜つまりコンデンサにかかる電圧 $\dot{V}_C$ は

$$\dot{V}_C = \frac{1}{j\omega C}\dot{I} \tag{11.26}$$

となる。これはコンデンサにかかる電圧は電流の周波数に反比例することを意味する。

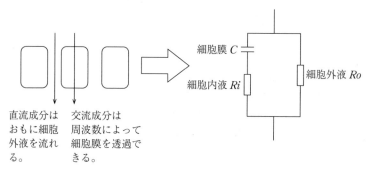

直流成分はおもに細胞外液を流れる。

交流成分は周波数によって細胞膜を透過できる。

細胞膜 C

細胞内液 Ri

細胞外液 Ro

図11.6

つまり同じ大きさの電流を流しても周波数が1万倍であれば，細胞膜にかかる電圧は1万分の1であり，それが脱分極を引き起こす電圧の閾値以下であれば，外部から与えられた電流は細胞にとって（ジュール熱を発する以外は）無害であるといえる。もちろん生体はさまざまな要因で電気回路のようにシンプルに動作しているわけではないが，1 kHz 以上の周波数では電流の影響は周波数にほぼ反比例する。

実際，外部からの電流によって痛みを感じる最小感知電流は**図11.7**のように1 kHz 以上の周波数では比例して上昇する。電気メスは大きな電流を流しているが，その周波数は数百キロヘルツ以上の交流である。また電流は体内で拡散する。この電流の拡散と高い周波数によって，心停止に至る電流値に達して

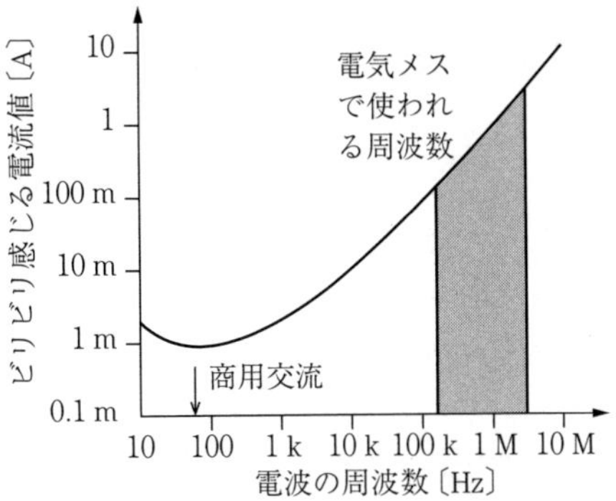

（小野哲章：クリニカルエンジニアリング別冊 3
電気メスハンドブック（原理から事故対策まで）
学研メディカル秀潤社（1993）を参考に著者作成）

図 11.7 [5)]

いないため，電気メスで心停止しないのである。だが，大きな電流を流すことに変わりはなく，電気メス近辺の筋肉は電流によって収縮するので，心臓付近で電気メスを使用する際には注意が必要である。

章　末　問　題

【11.1】　インピーダンスの大きさの単位として適切なものはどれか。

① C　② C/m^2　③ F　④ V/m　⑤ Ω

【11.2】　図の回路で電源から正弦波交流電流が流れている。このとき，コイルにかかる電圧とコンデンサにかかる電圧の位相差はいくらか。

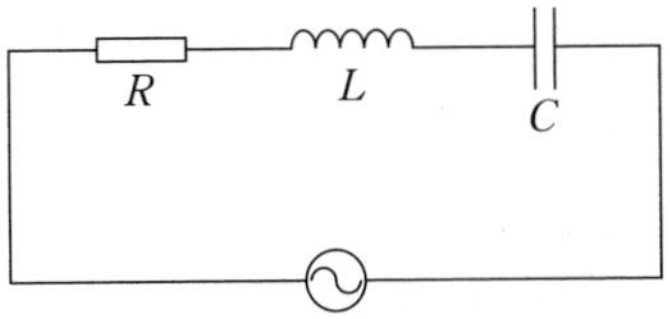

① $\dfrac{\pi}{4}$　　② $\dfrac{\pi}{2}$　　③ π　　④ $\dfrac{3\pi}{2}$　　⑤ 2π

【11.3】　図の回路で電源から正弦波交流電流が流れている。このとき，抵抗，コイル，コンデンサにかかる電圧の最大値はそれぞれ 4 V，5 V，8 V であった。電源電圧の最大値はいくらか。

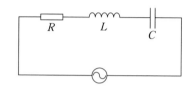

① 4 V　　② 5 V　　③ 7 V　　④ 8 V　　⑤ 17 V

【11.4】　下記の中で誤っているものはどれか。

① 人間の筋肉収縮作用や神経の情報伝達には，活動電位である電圧変化が利用されている。

② 交流回路において，電圧と電流が同じであれば，位相に関係なく同じ状態であると考えてよい。

③ 直流電流と交流電流の違いは，電流の大きさが経時的に変化しないのが直流で，変化するのが交流電流である。

④ 体表から皮膚を経由して電流が流れて感電する場合と，体内の臓器や細胞に直接電流が流れる感電では，作用し始める電流の大きさは体内感電のほうが小さい。

⑤ 複素数を用いることで交流回路を簡単に表現することが可能である。

【11.5】　日本の家庭用コンセントの電圧は 100 V とされているが，これは実効値と呼ばれる値で，抵抗に交流を流したときに，直流に換算するとどのくらいになるかを示す値である。そのためコンセントの最大電圧は実効値の $\sqrt{2}$

倍となる。では，交流電圧を計測できるオシロスコープで家庭用コンセント
を測ったときにその最大値は何 V を示すか。

① 71 V   ② 100 V   ③ 0 V   ④ 141 V   ⑤ 173 V

【11.6】　人体の商用交流に対する電撃反応の概略値について誤っているのは
どれか。(臨床工学技士国家試験 第 23 回)

① 最小感知電流値は 1 mA である。

② 離脱限界電流値は 10 mA である。

③ 最大許容電流値は 20 mA である。

④ マクロショックの心室細動を誘発する最小電流値は 100 mA である。

⑤ ミクロショックの心室細動を誘発する最小電流値は 100 μA である。

12

フィルタ回路

　周波数によっておもに電圧の特性が変化する現象を利用した回路をフィルタという。フィルタを使えば，ある電気信号から特定の周波数の電気信号を取り出したり，特定の周波数を除去したりすることができる。

12.1　フ　ィ　ル　タ

　同じ電流でも細胞膜の電圧は周波数によって減少するという物理現象がインピーダンスを用いた交流回路の計算により示された。図 11.5 のような回路では入力電圧と出力電圧の比が周波数によって変化することを示した。このような回路をフィルタという。抵抗，コイル，コンデンサを使った交流回路では同じように周波数によって特性が変化するフィルタとして機能する。この現象を利用すればある電気信号から特定の周波数の電気信号を取り出したり，特定の

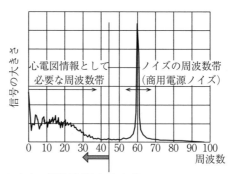

図 12.1

周波数を除去したりすることができる。

　例えば心電図波形は生体から計測できる電気信号の代表的なものだが，この計測にはノイズが含まれる。**図 12.1** は心電図波形の周波数成分を表したものである。心電図波形として重要な情報は 40 Hz までの周波数領域であるが，60 Hz に大きなピークがあるのはノイズである。このとき心電図波形の周波数とノイズの周波数に違いがあるため，フィルタによって除去することができる。また，ラジオやテレビのように電波によって情報を伝達する技術には特定の周波数帯を抽出する回路が必要になる。

12.2　スペクトル

　すべての波形は正弦波の重ね合わせで近似することができる。例えば，元の波形が $f(x)$ の関数であるとき，この関数は

$$f(x) = a_0 + \sum_{n=1}^{\infty}(a_n \cos nx + b_n \sin nx) \tag{12.1}$$

で表すことができる。これをフーリエ変換という。

　これが示しているものは，どんな波形でも正弦波の成分で表すことができるということであり，つまり電気回路において何らかの電気信号は正弦波を入力とした交流回路で考えることができるということである。

　ある波形を正弦波の成分に分割したとき，その波形の中にはどの周波数がどのくらいの大きさで含まれているのかを示したものをスペクトルという。

　図 12.1 は心電図波形のスペクトルである。心電波形はこの周波数帯の情報を持っているということであり，逆にこの周波数帯の情報があれば心電波形を再構成できるということを意味する。通常の心電図波形が式 (12.1) の $f(x)$ と x で表されるのに対して，図 12.1 は $\sqrt{a_n{}^2 + b_n{}^2}$ と n で表されている。

　どの周波数帯が必要な信号で，どの周波数帯が不要なノイズなのかは，計測されるデータによって異なる。データによっては信号とノイズが同じ周波数帯であることもある。もし信号とノイズの周波数帯が分かれているならば，フィルタを用いて必要な信号だけを残すことが可能である。

12.3 重ね合わせの理

電気回路において 100 Hz と 200 Hz の交流特性がわかったとする。例えば，図 **12.2** のように 100 Hz の入力電圧 100 V のとき出力電圧が 50 V，200 Hz の入力電圧 100 V のとき出力電圧が 70 V だとする。しかし，100 Hz と 200 Hz を同時に入力された回路において別な特性を示す可能性はないだろうか。つまり，出力は 100 Hz の 50 V と 200 Hz の 70 V を足し合わせたものになるのだろうか。

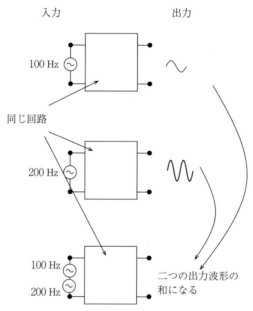

図 12.2 100 Hz と 200 Hz とそれを足し合わせた回路

これに答えるものが重ね合わせの理と呼ばれる理論である。回路が線形を前提としたものならば，複数入力電源がある場合の出力は，それぞれ単独の入力に対する出力の足し合わせとなる。

重ね合わせの理は，複数の電源があっても別々の電源として考えそれを重ね

合わせればよいということである。また，フーリエ変換によりすべての波形は
いくつかの交流波形の重ね合わせで近似できることを示している。つまり，そ
れぞれの周波数における回路特性が得られれば，どんな波形が入力されてもそ
れに対する出力が計算可能ということである。

12.4　ローパスフィルタ

　図 11.4 の回路において抵抗電圧を出力としてみると入出力比は式（11.25）
であった。図 11.5 のように考えるとハイパスフィルタであることを説明した。
　一方，**図 12.3** のように考える。図 11.4 の回路におけるコンデンサの電圧
$\dot{V}_C$ は

$$\dot{V}=\frac{1}{j\omega C}\dot{I}=\frac{1}{j\omega C}\frac{\dot{V}}{R+\dfrac{1}{j\omega C}}=\frac{\dot{V}}{j\omega CR+1} \tag{12.2}$$

である。$\dot{V}_C$ の大きさは

$$|\dot{V}_C|=\left|\frac{\dot{V}}{j\omega CR+1}\right|=\frac{|\dot{V}|}{\sqrt{(\omega CR)^2+1}} \tag{12.3}$$

となる。$|\dot{V}|$ は電源電圧の大きさ，つまり入力値であり，コンデンサ電圧を出
力とすると，入出力比は

$$\frac{|\dot{V}_C|}{|\dot{V}|}=\frac{1}{\sqrt{(\omega CR)^2+1}} \tag{12.4}$$

となる。これにより図 12.3 も電源電圧の角周波数 ω の変化によって出力が変
化することがわかる。ω を限りなく小さくして考えると，$\sqrt{(\omega CR)^2+1}$ は 1 に近
づく。つまり $|\dot{V}_C|/|\dot{V}|$ は 1 に近づく。また ω を限りなく大きくすると，$\sqrt{(\omega CR)^2+1}$

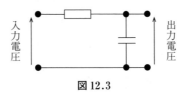

図 12.3

は∞となるので，$|\dot{V}_C|/|\dot{V}|$は0に近づく。

　図12.3は，ωが小さいときに出力が大きく，ωが大きくなると出力が小さくなる。このような回路は低周波数を通過させるという意味でローパスフィルタと呼ばれる。

　ローパスフィルタと一口にいっても何ヘルツまでの周波数を通過させて何ヘルツから通過させないのだろうか？

　これは式（12.4）をグラフにすると理解できる。**図 12.4** は縦軸に入出力比，横軸に周波数をとったグラフである。低い周波数のうちは入出力比が高い，つまり信号をよく通し，高い周波数帯の信号を遮断していることがわかる。

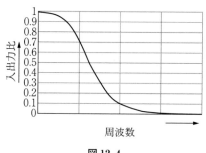

図 12.4

　とはいえ，このフィルタはある周波数まで通過させ，ある周波数から急に遮断させるという機能を持つわけではない。周波数の変化に従って徐々に入出力比が変化していくので，ある周波数でピッタリ遮断されるわけではないことが読み取れる。

　ではフィルタの性能を表現するにはどうするか。いくらの周波数を基準に表すかということが問題になるが，それは入出力比が$1/\sqrt{2}$となるときの周波数を基準とする。このときの周波数を遮断周波数という。なぜ$1/\sqrt{2}$なのかといえば，エネルギー（の時間微分である電力）は電圧の2乗に比例して表される。つまりエネルギーが半分になる周波数ということである。

遮断周波数はRとCから得られる。$|\dot{V}_C|/|\dot{V}|=1/\sqrt{2}$となるときなので，式（12.4）から

$$\frac{|\dot{V}_C|}{|\dot{V}|} = \frac{1}{\sqrt{(\omega CR)^2 + 1}} = \frac{1}{\sqrt{2}} \qquad (12.5)$$

の条件が得られる。これを解くと

$$\omega = \frac{1}{CR} \qquad (12.6)$$

となる。角周波数と周波数の関係は $\omega = 2\pi f$ なので，図 12.3 のローパスフィルタの遮断周波数 f は

$$f = \frac{1}{2\pi CR} \qquad (12.7)$$

である。

12.5 いろいろなフィルタ

抵抗，コイル，コンデンサを組み合わせれば他にもいろいろなフィルタを作ることができる。例えば 12.4 節で示したように図 11.4 と図 12.3 はコンデンサと抵抗を入れ替えるだけでローパスフィルタとハイパスフィルタの性質が変わる。ハイパスフィルタであっても遮断周波数の条件は変わらない。図 11.4 のハイパスフィルタの遮断周波数も抵抗 R，コンデンサ C を使って $1/2\pi CR$ である。

図 12.5 で示したように，ほかにも特定の周波数を抽出するバンドパスフィルタや特定の周波数を除去するノッチフィルタ（バンドストップフィルタ，バンドエリミネーションフィルタとも呼ばれる）など用途によってさまざまなフィルタが存在する。図はあくまでも簡単な回路例である。組み合わせ次第でさまざまな回路がフィルタとして動作するので調べてもらいたい。

さてフィルタのおもな用途はノイズを除去しシグナルを取得することである。ここでいうシグナルは欲しい電気信号という意味で，ノイズは必要ない電気信号という意味である。

コラム　フィルタいろいろ

【フィルタの仕事】

　われわれが測定で得られるデータは, 信号（図1②）とノイズ（図1③）を
足した図1①のようなものである。こ
の①からノイズ③を除去して信号
②を得る, というのがローパスフィ
ルタである。①をローパスフィルタ
に通すと, 周波数の低い信号のみが
フィルタを通り抜けられるのである。

　逆に②をノイズ, ③が信号だとす
ると, ①からノイズ②を除去して信
号③を得るのがハイパスフィルタである。

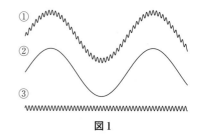

図 1

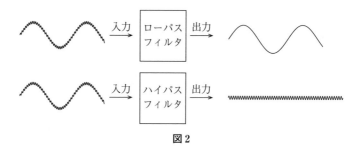

図 2

　データ測定において, それがどんな形のものであるかが全くわからない, と
いうことはほとんどない。本文にもある心電図の形は健康ならば誰でも図3の
ようなもので, これが大きくうねっているようならハイパスフィルタ, 細かい
ノイズが乗っているようならローパスフィルタをかければよいのである。

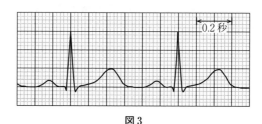

図 3

【フィルタは地球を救う】

　1996 年に公開された映画「ガメラ 2　レギオン襲来」[†]おいて，宇宙怪獣レギオンは群れで行動していた。レギオンの群れは札幌で変圧器に，仙台でパチンコ屋のネオンに集まった。この二つにはレギオンを引きつける共通点があると考えた主人公達は，変圧器から漏れた電磁波とネオンの発光パターンを解析。これらの形は違っていたが，ここでローパスフィルタが登場。劇中では"ある種のフィルタ"と表現していたが，とにかくフィルタを通すと同じ波形が現れた。「レギオンはこのパターンに反応したんですよ！」，「小型レギオンは誘導可能だ」となって，これがレギオンとの戦いで劣勢となっていたガメラを助けることになるのだった。

【完璧なフィルタ】

　ところで本書で説明しているフィルタはアナログフィルタである。周波数の変化に従って入出力比が徐々に変化してゆく。例えばローパスフィルタで，ある周波数以下の信号だけ 100%通過させ，それ以上の周波数成分を持つ信号は完全に遮断する，ということはできない。フィルタを多段にすればそれに近い状態になるが，近い状態になるだけである。やはり，ある周波数を境にしてスパッとフィルタリングしたいと思うのは人情であろう。それを実現できるのはデジタルフィルタである。信号を離散的に読み込む → デジタルフーリエ変換 → 周波数領域で不必要な信号をカット → フーリエ逆変換，という手順を踏むとスパッとしたフィルタリングが可能になる。

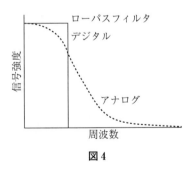

図 4

---

†　本書で使用している会社名，製品名，作品名は，一般に各社の商標または登録商標です。本書では ® と ™ は明記していません。

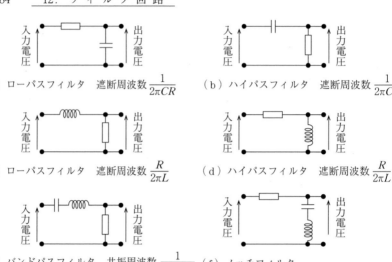

図 12.5

12.6 受動素子と能動素子

抵抗やコイルやコンデンサを受動素子という。受動素子はそれにかかる電圧と流れる電流のみで挙動が決定されるものである。電気素子には受動素子以外に能動素子と呼ばれる素子がある。これはおもに半導体素子であり，動作に外部からのエネルギーを必要とするものである。

この章でのフィルタは受動素子のみのものを紹介した。このようなフィルタは出力電圧が入力電圧の大きさを超えることができない，また通過周波数帯と遮断周波数帯の境界の特性をシャープにすることができないという問題がある。この問題は能動素子を用いて適切なフィルタ回路を設計することで解決することができる。

章　末　問　題

【12.1】　抵抗 1 kΩ，コンデンサ 1 μF を直列につないだ CR 回路をローパス
フィルタとして用いた。この回路の遮断周波数はおよそいくらか。

① 160 Hz　　② 320 Hz　　③ 500 Hz　　④ 1000 Hz　　⑤ 2000 Hz

【12.2】　図のような直流回路で矢印に流れる電流はいくらか

① 1 mA

② 1.5 mA

③ 2.5 mA

④ 4 mA

⑤ 7 mA

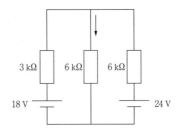

【12.3】　図 a の周期信号（周期 1 ms）を図 b のフィルタに入力した。出力電
圧 $v(t)$ に最も近い波形はどれか。（第 2 種 ME 技術実力検定試験　第 28 回）

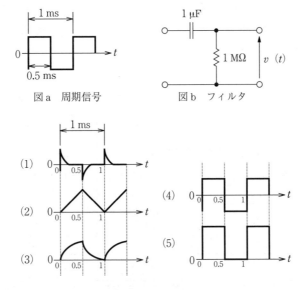

13

電 子 レ ン ジ

　電子レンジは食品などを温める調理器具である。熱はエネルギーであり，物体の温度を上昇させるためには外部からエネルギーを与える必要がある。電子レンジではギガヘルツレベルの電磁波を使用してエネルギーを与えている。これは熱の放射（輻射）と原理的には同じであるが，そもそも電磁波とは何かという部分から説明する。

13.1　電 気 と 磁 気

　電磁波とはその名のとおり電気と磁気の波である。電磁波を理解するためには電気と磁気を知る必要がある。電気については9章から12章で触れてきた。ここでは特に10章の電場や電束を思い返す必要がある。**表 13.1**のように電気と磁気は似た性質を持ち，磁束は正の磁荷から出て負の磁荷に入るというよ

表 13.1

電　気		磁　気
需荷 Q 〔C〕	性質を持つ粒子	磁荷 m 〔Wb〕
電束 Q 〔C〕	粒子から出る仮想線	磁束 m 〔Wb〕
電場 E 〔V/m〕	場	磁場 H 〔A/m〕
電束密度 D 〔C/m²〕	仮想線の面密度	磁束密度 B 〔T〕
$F = QE$	粒子が場で働く力	$F = mH$
$D = \varepsilon E$	場と仮想線の面密度の関係	$B = \mu H$
誘電率 ε 〔F/m〕	物質の特性パラメータ	透磁率 μ 〔H/m〕
$F = \dfrac{1}{4\pi\varepsilon}\dfrac{Q_1 Q_2}{r^2}$	粒子間で働く力（クーロンの法則）	$F = \dfrac{1}{4\pi\mu}\dfrac{m_1 m_2}{r^2}$

※変数・単位はおもに使われるもの

うに電束と同じ性質である。電束に対して磁束，電場に対して磁場，電束密度
に対して磁束密度，誘電率に対して透磁率が対応し，磁場中の磁束には力が働
くといった性質も同じである。

　電気と磁気では単位が異なることにも留意しておく必要がある。磁荷や磁束
の単位はウェーバー〔Wb〕，磁場の単位には〔A/m〕が使われ，特に磁束密度
は面積当たりの磁束なので〔Wb/m²〕だが，これにはテスラ〔T〕という単位
が定められている（〔T〕 = 〔W/m²〕）。

　先に10.2節で電荷同士の力の関係について示したが，二つの磁荷 m_1，m_2
の間にも同様に同符号の磁荷は反発力，異符号の磁荷には吸引力が働く。その
大きさは，式（10.9）と同じ形であり

$$F = \frac{1}{4\pi\mu} \frac{m_1 m_2}{r^2} \tag{13.1}$$

である。このように電気と磁気は似た性質であり，同じような式で表せる。

　電気と磁気の大きな違いの一つは，電束と磁束の在り方である。電束の場合
は電荷が正電荷，負電荷が別々に単独で存在できる。単独で存在する電荷と
は，例えば自由電子やイオンである。

　一方，磁荷は単独では存在せず，必ず正磁荷と負磁荷がセットで存在してい
る。これを磁気双極子という。このため磁束は必ず閉じたループ，つまり途中
で途切れたりせずに一周することになる。

　この磁気の性質は例えば磁石を切ったときに現れる。**図13.1**のように切っ
た磁石がそれぞれN極とS極の磁石になるが，これはN極，S極が単独で存
在できないという性質による現象である。

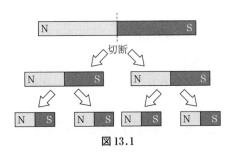

図13.1

13.2　電気から磁気，磁気から電気

　磁気と電気の性質の似ている点と違いについて説明した。この両者は互いに密接な関係がある。その一つが電気から磁気が作られるという点である。電磁石はその性質を利用したものである。

　電流の周りには磁場が生じる。これはアンペールの法則と呼ばれる。アンペールの法則ではある閉曲線上の線方向の磁場の積分はその閉曲線を貫く電流と等しいというものである。

　アンペールの法則を簡単に理解するために**図13.2**のように電流を中心とした円を考える。つまり円が閉曲線となる。この円のどの箇所も電流に対して対称であるため，電流によって磁場が作られるのならば，この円上では磁場は同じであるといえる。このとき磁場の円上の線積分は，磁場×円周の長さとなるので，磁場の大きさを H，円の半径を r，円を貫く電流を I とすると

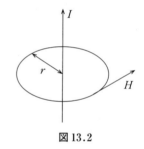

図 13.2

$$I = 2\pi r H \tag{13.2}$$

が成り立つ。また電流の周りの磁場の方向は右ねじの法則に従う。H の単位を〔A/m〕，r の単位を〔m〕とすると，I の単位は〔A〕である。

　一方，磁場も電気を作り出す。N 回巻きのコイルの内部の磁束を ϕ とおき，この磁束の時間変化量を $d\phi/dt$ と表すとこのコイルに生じる誘導起電力 e は

$$e = N \frac{d\phi}{dt} \tag{13.3}$$

と表せる。これをファラデーの法則という。e の単位は〔V〕，N の単位は無次元，ϕ の単位は〔Wb〕であるが，この時間微分 $d\phi/dt$ の単位は〔Wb/s〕である。式（13.3）はコイルに磁石を近づけると電圧（起電力）が生じるが，その大きさは磁束の時間変化量に比例することを示す。つまり素早く磁石を近づける，あるいは遠ざけると大きな起電力，ゆっくりした動きなら小さな起電力と

なる。またこの起電力の向きは磁束の変化を妨げる方向に生じる。これをレンツの法則という。この妨げる方向というのはエネルギー保存の方向となる。

このように磁場から電気が作り出される現象を電磁誘導という。このときコイルの内部の磁束変化は外部から与えられたものに限らず，コイルに流れる電流Iが変化することでも生じる。これを式にすると

$$e = L\frac{dI}{dt} \qquad\qquad (13.4)$$

となる。式（13.4）の比例係数Lはインダクタンス（おもに使われる単位はヘンリー〔H〕）と呼ばれる。この関係は11章のコイルにかかる電圧と電流の関係の式（11.6）でも登場した。

電磁誘導はコイルにおける現象して紹介されるが，じつはコイルである必要がない。また，磁束の変化量に比例して起電力が生じるので，同じ磁束変化量$d\phi/dt$ならば空気中でも銅板でも同じ大きさの起電力eが生じていることになる。

だが同じ起電力でも，オームの法則より抵抗が小さいときに大きい電流が流れる。誘導起電力によって生じる時間当たりのエネルギー（電力）は電圧と電流の積なので，抵抗が小さいときにエネルギーが大きくなる。このエネルギーは磁束を変化させるエネルギーから供給される。

例えば，プラスチックの板と銅板の上で磁石を滑らせるとする。銅板には磁石はくっつかないので，どちらでも磁石は滑り落ちる。いま同じ速度で滑り始めたとすると，プラスチックと銅板で同じ起電力が生じる。生じた起電力によって電流が流れるのだが，この電流は磁石が滑り落ちるのを妨げる方向に生じる。しかし，磁石が滑り落ちるのを妨げる方向に生じる磁束の量は電流が大きいほうが大きくなるので，抵抗が小さい銅板のほうがより大きな力で滑り落ちるのを妨げることになる。結果，プラスチック板を滑り落ちる速度のほうが早く，銅板ではゆっくり滑り落ちることになる。このとき銅板の中でははっきりとした電気回路は存在しないが，どこにでも電流が流れる状態であり，この中に誘導電流は渦状のループの形で流れる。これを渦電流という。

渦電流による影響は上で説明したように抵抗が小さい導体で大きな影響を及ぼし，抵抗が大きな空気やプラスチックなどでは無視できるほど小さい影響しかない。銅板の上で磁石を滑らせた場合，本来磁石が得るはずだった運動エネルギーが渦電流で消費され，銅板を温めるジュール熱となる。

この現象を利用して変動する磁場を発生させて鍋やフライパンを温める調理機器が電磁調理器（IH調理器）と呼ばれるものである。このため鍋やフライパンの熱を発生させる部分は抵抗の小さい導体である必要がある。電磁調理器が鍋やフライパンを温めるためのエネルギーは調理器の中の電力からコイルを経由して磁気変化となって伝わる。

13.3 電　磁　波

ここまでで，電気と磁気，電気から磁気，磁気から電気が生じるということを説明した。特に電気から磁気が生じ，それがまた電気になるという部分を詳しく考えてみる。

電子レンジも同じように熱を発生させる調理器であるが，電磁調理器のように導体を必要としない。エネルギーの伝え方が異なる。電子レンジの場合は電磁波によってエネルギーを伝える。

電磁波には電気と磁気が密接に関連している。アンペールの法則では電流〔A〕から磁場〔A/m〕が生じる。ここで電流〔A〕＝〔C/s〕である。〔C〕は電荷であるが，電束でもある。つまり電束密度の変化が磁場を発生させることに大きく関わっていると考えられる。つぎに磁場と磁束密度の関係は透磁率でつながっている。この磁束密度の変化，つまり磁束の変化は起電力と関わってい

コラム　電子レンジの思い出

【腹が，減った】
　コンビニのお弁当。500Wで3分加熱と書いてある。ウチのレンジは1kW

だから6分だな。え，そんな馬鹿な奴はいないだろうって？すいませんね，馬鹿で。チーン。私のお弁当の惨状は，あえてここには書きません。電子レンジのパワー（ワット数）と加熱時間は，比例じゃなくて反比例するのだ。ことほど左様に空腹とは正常な判断を誤らせる。

　かの有名な名探偵，シャーロック・ホームズはつぎのように述べている。
「今僕は消化のために精力や神経を使っていられない（At present I cannot spare energy and nerve force for digestion.）」
「腹が減っているときの方が，頭が冴えるからさ（Because the faculties become refined when you starve them.）」

　しかし，しっかり食べないと正しい推理ができないのもまた事実。本書で物理を勉強しようという皆さんも，ごはんはちゃんと食べようね。何事も過ぎたるは及ばざるがごとし，徳は中庸にありなのである。

【電子レンジは地球を救う】
　1989年に公開された映画「ゴジラ vs ビオランテ」において，自衛隊はゴジラ体内の核エネルギーを絶つために，ゴジラに抗核エネルギーバクテリアを打ち込む。しかし効果が現れない。微生物の反応は温度が低いほど作用が緩慢であるため，ゴジラの体温は非常に低いのではないかという推測がなされ，ではゴジラの体温を上げれば良い，ということで使用されたのがM6000TCシステムであった。
「サンダーコントロールシステム。人工的に稲妻をおこし，高周波を発生させ，分子を振動・加熱する」
「電子レンジか，超大型の・・・」
　作戦は実行され，ゴジラは立ちくらみを起こす。
「抗核バクテリアが効いた・・・」
　さらにゴジラはビオランテとの戦闘中にぶっ倒れて失神してしまう。その後どうなるのかはここでは書かないが，電子レンジが日本と地球を救ったのである。
　ちなみにイラストは蒲田くんで，抗核バクテリアを打ち込まれたゴジラとは別個体である。

る。起電力は電場の長さ積分であるので，起電力の変化は電場の変化と考えられる。そして電場は誘電率によって電束密度と関係する。

このように電気エネルギーと磁気エネルギーに交互に変化する形は波となる。これを電磁波という。電磁波の伝わり方を波動方程式というものに当てはめて考えると電磁波の速度を求めることができるが，ここから電磁波の速度は誘電率 ε，透磁率 μ としたとき，$1/\sqrt{\varepsilon\mu}$ となる。真空中の電磁波の速度は誘電率 ε_0，透磁率 μ_0 で計算すると光の速度である 3.0×10^8 m/s となる。このことから電磁波は光と同じようなものであると考えられる。

電磁波は波と同じようにエネルギーが伝わることになるので，そのエネルギーが伝わる過程で消費されるにつれて減衰する。吸収されたエネルギーは他の波のときと同じように物体中で熱に変わる。

電子レンジは電場と磁場のエネルギーを伝える電磁波を利用している。特に水が吸収しやすい電磁波の周波数を選び，その電磁波を食べ物などに照射して吸収させることで温めているのだ。

章 末 問 題

【13.1】 プラスチック板と銅板の板にそれぞれに磁石を置き同じ角度をつけて滑らせたとき正しいものはどれか。
① 銅板でもプラスチック板でも同じ速度で滑る。
② どちらも滑るがプラスチック板のほうが速く滑る。
③ どちらも滑るが銅板のほうが速く滑る。
④ プラスチック板では滑るが銅板ではくっついて動かない。
⑤ プラスチック板ではくっついて動かないが銅板では滑る。

【13.2】 コイルに磁石 S 極を素早く近づけたとき，コイルに接続された電圧計で－1 V を記録した。同じコイルに磁石 N 極をゆっくり遠ざけたとき，電圧計で記録する値で適切なものはどれか。

① ほぼ−1 V。

② ほぼ1 V。

③ −1 V より明らかに大きいが0 V より小さい。

④ 1 V より明らかに小さいが0 V より大きい。

⑤ 2 V より明らかに大きい。

【13.3】　下記の中で誤っているものはどれか。

① 電磁波とは電気と磁気の波が両方含まれるものである。

② 電流の周りには磁場が生じる。

③ 磁場から電気が作り出される現象を電磁誘導という。

④ 棒磁石をS極とN極の中心で分割した場合，S極だけの磁石とN極だけ
の磁石を作ることができる。

⑤ 変動する磁場を金属に与えて渦電流によって加熱される調理機器が電磁
調理器である。

【13.4】　正しいのはどれか。(臨床工学技士国家試験 第2回)

① 直線電流の近くでは，電流と平行に磁界が発生する。

② 円形コイルに電流を流すと，コイル面内で中心に向かう磁界が発生する。

③ 一様な磁界中に棒磁石を磁界と直角に置くと，磁石は力を受けない。

④ 磁界中を磁界と直角方向に走行する電子は力を受けない。

⑤ 2本の平行導線に同方向に電流が流れていると，両者の間に力が働く。

14

放　射　線

　X線は体内の像を得るために最も利用される物理の一つである。X線は放射線の仲間であり，生体への影響を知る上で放射線の理解も欠かせない。また，そのためには原子の構造を知る必要もある。

14.1　原　　　子

　原子は陽子・中性子・電子からなる。電子は電気的に負の電荷を帯び，陽子はそれと同じ大きさの正の電荷を帯びている。中性子は電気的に中性であり電荷を帯びていない。

コラム　放　射　能

【言葉の意味の変遷】

　放射能という言葉は，物理的な意味と異なって使われることが非常に多い。放射能を浴びたらどうなるか，とか，ゴジラは放射能を吐く，とかである。広辞苑第六版によると放射能とは「放射性物質が放射線を出す現象または性質」とある。現象とか性質を浴びたり吐いたりすることはできない。ところが広辞苑第七版になると「放射性物質が放射線を出す現象または性質。放射性物質の意味で使われることも多い」となっている。広辞苑も時代による日本語の変化に対応している。しかしここは「放射性物質または放射線の意味で使われることも多い」として欲しかった。浴びるという表現は放射性物質よりも放射線の方がふさわしい。第八版ではどうなっているだろうか。

【ゴジラの熱線の名前】

　いったい何を吐いているのか，は脇に置いておいて，あの熱線の名前は何というのか。ざっと調べたところ以下のとおりである。

「白熱光」「熱線」「放射噴霧」「放射能火炎」「放射熱線」「スパイラル熱線」「ウラニウムハイパー熱線」「バーンスパイラル熱線」「赤色熱線」「インフィニット熱線」「引力放射熱線」「ハイパースパイラル熱線」「バーニングＧスパーク熱線」「放射線流」

なんだかどんどんインフレ化しており，後半になると凄そうな単語をくっつけました，みたいな感じになってしまっている。

　同じように口から吐く火炎をメインの武器としているガメラの場合は「火炎放射」「プラズマ火球」であり，やっぱりゴジラは武器の名前からして派手である。でも「バーニングハイパースパイラルインフィニット火球」を吐くガメラも見てみたいですね。

【放射線の単位】

・ベクレル（Bq＝1/s）

　放射能の単位。1秒間にどのくらいの放射線が出ているかを示す。その放射線がどこまで届いたとか，生体や環境にどんな影響を及ぼすかということは関係ない。単位は〔個/s〕であるが個数は物理量ではないので〔1/s〕である。

・グレイ（Gy＝J/kg）

　物質1kg当たりに吸収された放射線のエネルギー（吸収線量）の単位。

・シーベルト（Sv＝J/kg）

　1Gyの放射線を浴びたとき，生体にどの程度の影響が出るか（線量当量）の単位。SIで表せばGyと同じく〔J/kg〕である。

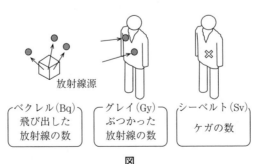

放射線源

ベクレル（Bq）
飛び出した
放射線の数

グレイ（Gy）
ぶつかった
放射線の数

シーベルト（Sv）
ケガの数

図

電子の質量は陽子・中性子と比べて小さく，およそ 1840 分の 1 である。中性子の質量は陽子と比べて大きく，その大きさは陽子と電子の質量を足し合わせたものよりも若干大きい。原子が持つ中性子と陽子の個数は原子の質量の大部分を占めるため，その個数が質量を示すものと考えられる。この陽子の個数＋中性子の個数を質量数という。

　原子の性質は陽子の数で決まり，水素ならば陽子は 1 個，酸素ならば陽子は 8 個である。陽子の数は原子番号と呼ばれる。酸素は原子番号 8 という具合である。電子の数は陽子と同じであるがイオンという形で増減する。これらの情報を表現する場合は**図 14.1** のように表現する。O という記号は酸素を表すが，原子番号と記号は一対一の関係であるので，原子番号は省略されることが多い。一方，同じ記号（原子番号）でも質量数は異なる場合がある。酸素ならば原子番号つまり陽子の数は決まっているので，変わるのは中性子である。

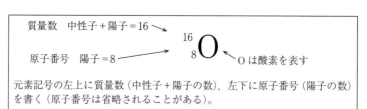

図 14.1

中性子の個数はその原子の安定性に関わる。陽子の個数が少ない原子では，陽子の個数＝中性子の個数近辺が最も安定的な原子となる。しかし**図 14.2** のように原子番号 20 のカルシウムあたりから徐々に陽子の個数＝中性子の個数より中性子の個数が多い原子が安定的となる。

　安定的な原子とは，自然界に多く存在する原子という意味である。自然界に多く存在する原子というのは安定的，つまり他の原子に変化しないからである。ところで中性子の数が異なる原子を区別するために原子名の後ろに質量数をつけて表す。例えば酸素であれば，^{16}O，^{17}O，^{18}O の酸素が自然界に存在し，この質量数 16, 17, 18 の酸素を「酸素 16」，「酸素 17」，「酸素 18」と表現する。

　酸素の中では，酸素 16 が最も多く存在し自然界に存在する酸素中の

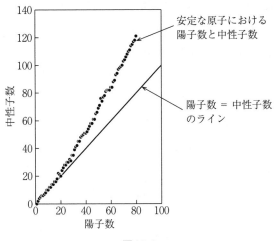

図 14.2

99.759 % を占め，酸素 17 は 0.037 %，酸素 18 が 0.204 % 存在する。このよう
な質量数が異なる同じ原子番号の原子を互いに同位体という。表 14.1 のよう
にこれ以外の酸素の同位体，つまり中性子がこれらよりも多かったり少なかっ
たりする酸素も確認されているが，不安定であるのですぐに崩壊し別の原子に
変わってしまう。

表 14.1

陽子の個数	8	8	8	8	8	8
中性子の個数	6	7	8	9	10	11
安定性	不安定	不安定	安定	安定	安定	不安定

陽子の数は原子の性質，中性子の数は原子の安定性に関わる。
中性子が多すぎても少なすぎても原子は安定して存在できない。
中性子のちょうどいい個数は原子によって異なる。

　原子の 1 個の質量は非常に小さい。ゆえに原子がとても多くの個数が集まら
ないと現実的な大きさの質量として扱うのは難しい。ある質量数の原子の質量
は質量数に比例するので，その原子がある程度の量が集まったとき，質量数だ
けの質量（グラム）になると考える。これがアボガドロ数でアボガドロ数はお
よそ 6.02×10^{23} である。炭素 12 がアボガドロ数の個数集まると 12 g の質量で

あり，この炭素 12 が 12 g になる基準がアボガドロ数の定義であった。2019 年にアボガドロ数の定義が変更となり，炭素 12 がアボガドロ数の個数が集まった質量は 12 g より若干異なる数値となった。

　同じ質量数の原子の質量はこの考えで求めることができるが，例えば鉄の質量を考えるときは自然に存在する鉄の質量を考えるので，一つの質量数の鉄の質量を考えているのではなく自然界に存在する同位体を含んだ鉄の質量を考える必要がある。同位体の存在比を考慮した質量を表すものを原子量という。

　例えば塩素の同位体存在比を塩素 35 が 75 %，塩素 37 が 25 % とすれば，塩素の原子量は，$35 \times 0.75 + 37 \times 0.25 = 26.25 + 9.25 = 35.5$ と求められる。

14.2　崩　　　　　壊

　安定的でない原子は崩壊して別の原子になる。このときの崩壊の仕方は α 崩壊，β 崩壊，γ 崩壊の三つに大別される。

　α 崩壊は原子核から陽子 2 個と中性子 2 個が飛び出す現象である。例えば原子番号 88 のラジウム 226 の原子核は陽子 88 個，中性子 138 個からなるが，α 崩壊によって陽子 86 個，中性子 136 個の原子番号 86 のラドン 222 に変化する。このとき飛び出した陽子 2 個と中性子 2 個は一つの塊，つまり原子番号 2 のヘリウム 4 となって飛び出る。この飛び出したヘリウム原子核のことを α 線という。

　β 崩壊は原子核中の中性子が陽子と電子に分かれ，電子が飛び出す現象である。例えば，原子番号 82 の鉛 214 の原子核は陽子 82 個，中性子 132 個からなり，β 崩壊によって陽子 83 個，中性子 131 個の原子番号 83 のビスマス 214 に変化する。このとき飛び出した電子は β 線と呼ばれる。

　陽子や中性子はバラバラで存在するよりも塊で存在しているほうが質量は大きい。ゆえに α 崩壊，β 崩壊することで飛び出す粒子を含めた質量は減少する。これを質量欠損という。この質量は α 線，β 線や変化した原子核が持つエネルギーとなる。質量が持つエネルギーはアインシュタインの相対性理論に

よって

$$E = mc^2 \tag{14.1}$$

であることが示された。このエネルギーは非常に大きいため α 線，β 線，後述する γ 線の持つエネルギーは光などの光線と比べて大きなエネルギーを持つことになる。

　γ 崩壊では原子核の中性子と陽子の個数は変わらない。α 崩壊や β 崩壊で生じたエネルギーは変化後の原子核にも与えられ，原子核は光を放出するときと同じような励起状態となる。この原子核のエネルギーの放出が γ 崩壊であり，このとき γ 線と呼ばれる電磁波を放出する。

　図 14.3 は α 崩壊，β 崩壊，γ 崩壊に伴う原子の変化についてまとめたものである。この図は，α 崩壊では質量数が 4，原子番号が 2 減少して原子の種類も変わり，β 崩壊では原子番号が 1 増えて原子の種類が変わり，γ 崩壊ではどれも変わらないことを示している。

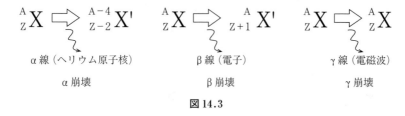

$$\begin{array}{ccc} {}^{A}_{Z}X \Rightarrow {}^{A-4}_{Z-2}X' & {}^{A}_{Z}X \Rightarrow {}^{A}_{Z+1}X' & {}^{A}_{Z}X \Rightarrow {}^{A}_{Z}X \end{array}$$

α 線（ヘリウム原子核）　　　　β 線（電子）　　　　　　γ 線（電磁波）

α 崩壊　　　　　　　　　　　β 崩壊　　　　　　　　　　γ 崩壊

図 14.3

　原子に中性子を放射して原子の質量数を変えたり，複数の原子に分裂させたりすることができる。中性子の個数はその原子の安定性に関わるため，中性子を増やすことで安定性を変化させ，崩壊させやすくすることができるのである。例えば安定核種のコバルト 59 に中性子を放射し，取り込ませることでコバルト 60 に変化させることができる。コバルト 60 は β 崩壊を起こしニッケル 60 になるがその後 γ 崩壊を起こすのでコバルト 59 は γ 線源として用いられる。

　原子力発電の原理でもある核分裂は中性子 1 個をウラン 235 に衝突させることで起こる。ウランの陽子数は 92 なので，中性子 1 個とウラン 235 の中には

陽子 92 個と中性子 144 個が含まれる。中性子と衝突し不安定になったウラン 235 は**図 14.4** のように分裂する。ウラン 235 の分裂の仕方にはいくつかあり，図はそのうちの 2 例を示している。図（a）の例では，セシウム 137（陽子 55 個，中性子 82 個）とルビジウム 95（陽子 37 個，中性子 58 個）と中性子 4 個に分裂し，図（b）の例では，ヨウ素 131（陽子 53 個，中性子 78 個），イットリウム 103（陽子 39 個，中性子 64 個）と中性子 2 個に分裂する。いずれの場合も陽子の数と中性子の数は衝突前後で変化していない。原子核の分裂前後で陽子の数と中性子の数は同じだが，質量欠損が起き，式（14.1）の分のエネルギーが放出される。またウラン 235 の核分裂時には中性子も放出するため，周りに他のウラン 235 があれば放出された中性子と衝突し再び核分裂が起こる。原子炉ではつねにこの反応が起き続けており，原子力発電はこの連鎖反応によって大きな熱エネルギーを得て発電する。中性子の数が多ければ確率的にウラン 235 との衝突が増えるので，原子炉中で発生するエネルギーは中性子の量によって調整できる。このため中性子を吸収しやすい素材でできた制御棒や水に中性子を吸収させることで中性子の量を調整する。トリチウム水は水素原子が中性子を吸収した水である。

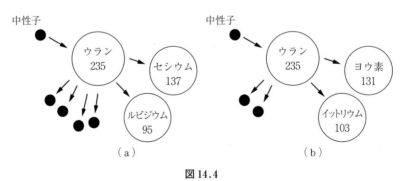

図 14.4

14.3　X　　　　　線

レントゲンに使われる X 線は γ 線と同じ電磁波であるが発生機序が異なる。

X線は熱した金属から出た熱電子を電場によって加速させ（エネルギーを増や
して），陽極の金属に衝突させることで発生する。電子が金属原子核の近くを
通過したとき，軌道が曲げられることでその運動量に応じた周波数の電磁波が
放出される。このX線を連続X線（制動X線）と呼ばれる。連続X線の他に
陽極の金属素材固有の波長のX線が発生する。これを特性X線（固有X線）
という。特性X線は光やγ線と同じように電子軌道によるエネルギー準位が
関わっているため，発生するX線の波長は決まったものとなる。

　図 14.5 は発生させたX線の波長と強さをグラフにした例である。連続X線
は放出されるエネルギーが確率的な現象によって決まるため，その強さと波長
は確率分布に従ったものになる。一方，特性X線は素材固有であるため，決
まった波長の箇所に現れる。

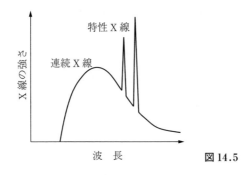

図 14.5

章　末　問　題

【14.1】　下記の中から間違っているものを選べ。

① 電子は電気的に負の電荷を帯び，陽子は電子と同じ大きさの正の電荷を
帯びている。

② 中性子は電気的に中性であり電荷を帯びていない。

③ 原子番号は陽子の数で決まり，陽子の数で原子の特性が変わる。

④ 陽子が同じ数でも中性子の数が異なる原子は質量数が異なるので，それ

らの原子を近位体という。

⑤ 安定的な原子とは，自然界に多く存在する原子という意味である。

【14.2】　下記の中から間違っているものを選べ。

① α 崩壊は原子核から陽子 2 個と中性子 2 個が飛び出す現象で，α 線が出る。

② β 崩壊は原子核中の中性子が陽子と電子に分かれ，電子が飛び出すため質量数が減少する。

③ γ 崩壊では原子核の中性子と陽子の個数は変わらないが，電磁波を放出する。

④ 原子力発電は核分裂の連鎖反応によって熱エネルギーを生じる。

⑤ レントゲンに使われる X 線は γ 線と同じ電磁波である。

【14.3】　放射線に関係する単位について誤っているのはどれか。
（第 2 種 ME 技術実力検定試験　第 33 回）

① ベクレル（Bq）：1 秒間に 1 つの原子が崩壊して放射線を放つ放射能が 1 ベクレル。

② キュリー（Ci）：1 ベクレルの 3.7×10^{10} 倍の放射能が 1 キュリー。

③ グレイ（Gy）：1 g の物質に 1 J の放射エネルギーが吸収されたときの吸収線量が 1 グレイ。

④ ラド（rad）：1 グレイの 100 分の 1 の吸収線量が 1 ラド。

⑤ シーベルト（Sv）：グレイで表した吸収線量に生物学的影響に関する係数を乗じた線量当量の単位。

【14.4】　同一被ばく線量の放射線に対して放射線感受性の最も高いのはどれか。（第 2 種 ME 技術実力検定試験　第 38 回）

① 心臓　　② 脳　　③ 肺　　④ 水晶体　　⑤ 生殖腺

15

MRI

MRI（magnetic resonance imaging）は核磁気共鳴画像法ともいわれ，核磁気共鳴（nuclear magnetic resonance，NMR）という現象を利用した画像診断技術である。

15.1　体内を知るためには

体内の像を得るためには，**図 15.1** のように何らかの物理エネルギーを通過させて通過させた場所によってエネルギーが変化することを観測する必要がある。**図 15.2**（a），（b）のように，エネルギーが全く変化しない場合やそもそも通過しない場合は体内の像を構築することは不可能である。また図（c）のようにエネルギーが散乱・拡散しすぎても体内の状態を知ることは難しい。

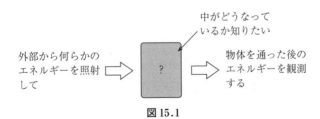

中がどうなっているか知りたい

外部から何らかの
エネルギーを照射
して

物体を通った後の
エネルギーを観測
する

図 15.1

つまり体内の像を得るためには，図（d）のようにまず通過することができるくらいの吸収係数となるエネルギーで，かつ体内の組織の違いで物理現象に差が出るエネルギーでなければならない。

例えば X 線の場合は放射線のエネルギーが体内での吸収係数が（特に骨で）異なることを利用して像が得られる。X 線のエネルギーは体を通過するが，そ

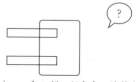

(a) エネルギーが素通りするだけだと
    中身は何もわからない

(b) エネルギーが完全に途絶えても
    中身はわからない

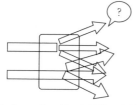

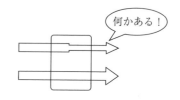

(c) エネルギーが拡散しすぎても
    わからない

(d) エネルギーに変化があると
    何かがあることがわかる

図 15.2

のエネルギーは直進し，特に骨の部分で多く吸収されるので骨を中心とした体
内の像を構成できる。超音波画像診断（エコー）の場合は反射波を計測してい
る。音波を収束させ，体内の組織の境界で反射することを利用して体内の像を
構築する。ただし空気層や骨があるとほぼ完全にエネルギーが途絶えてしまう
ので超音波画像診断装置が適用できる部位は限られている。

　では MRI は何を観測しているのか。実際に MRI で観測しているものは電磁
波である。使用している電磁波はラジオ波と呼ばれるメガヘルツレベルの周波
数である。このラジオ波は収束させることは難しいので，普通に計測しようと
しても図(d)のような状態で体内の像を得られるものではない。また電子レ
ンジで使用している電磁波よりも体内への吸収係数は低く，普通の状態ではど
の組織がどのくらい吸収したかを計測することはできない。

　MRI で体内像を構成できる理由は，ラジオ波を吸収させる特殊な状態に置い
て，なおかつどの部位がどのくらいの電磁波を吸収したかがわかる工夫をして
いるからである。この現象を理解するには原子のエネルギー状態について理解
する必要がある。

15.2 光の放出とゼーマン効果

　例えば鉄や炭を熱すると赤く光るが，さらに高温にすると光る色が変わる。このように原子を高温にするなど高いエネルギーを与えると光を放つ。この光のスペクトルを分析すると原子ごとに決まったスペクトルを表す。また，この光は連続ではなく飛び飛びの値となる。

　6章〜8章で光やエネルギーについて説明した。決まったスペクトルの光ということは，決まった周波数ということである。ところで光のエネルギーは周波数によって決まる。光のエネルギー E は光の周波数 v のとき

$$E = hv \qquad\qquad (15.1)$$

で表される。このとき，比例係数 h はプランク定数と呼ばれ，0章で質量の定義に使われると説明した定数である。プランク定数は正確に $6.626\,070\,15 \times 10^{-34}$ Js と定義されている。式（15.1）は光の周波数が大きくなればそのエネルギーが大きくなるということを表しているのと同時に，一つの光が持つエネルギーという光の粒子性も意味している。

　原子一つから一つの光を放出し，放出する光は決まった周波数となる。つまり光は決まった大きさのエネルギーとなるので，それを放出する側の原子も決まった大きさのエネルギーを得たり出したりすることを意味している。

　原子の放出する光のエネルギーが ΔE ならば，原子のエネルギー状態は E と $E + \Delta E$ の少なくとも二つのエネルギー状態をとることを意味している。物理学者のボーアはここから原子モデル仮説を提唱し，このスペクトルを説明した。

　ボーアの原子モデルでは，原子核の周りを回る電子がある決まった軌道を通るため，原子はある決まったエネルギー準位をとる。**図15.3** のようにこのエネルギー準位が別のエネルギー準位に遷移するとき，その差分のエネルギーが放出されるため，放出される光が決まったスペクトルを示すのである。例えば水素原子は**図15.4**のように多くの光を放出する。この図は横軸が波長を表しており，縦線がある場所が放出する光の波長ということを意味する。

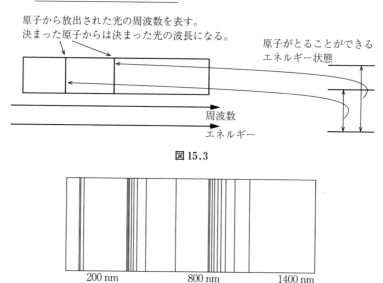

原子から放出された光の周波数を表す。
決まった原子からは決まった光の波長になる。

原子がとることができる
エネルギー状態

周波数

エネルギー

図 15.3

200 nm　　　　800 nm　　　　1400 nm

図 15.4　水素の発光波長

　原子は放出する光に併せた決まったエネルギー状態をとる。このことは逆に
いえば決まった周波数の光（エネルギー）を吸収するということでもある。エ
ネルギー準位にあった周波数の光は原子に吸収され，吸収されたエネルギーは
その後，同じ周波数の光として放出される。

　その物体が吸収する周波数の波と放出する周波数の波が一致することは物理
現象としてはよくある。例えば音叉などの音が出るものだとわかりやすい。同
じ音叉を二つ用意して一つの音叉を振動させて音を出すと，振動させていない
ほうの音叉も振動し音を出す。音叉が吸収する音波の周波数と放出する音波の
周波数が一致するのである。ワイングラスを音で（声で）振動させるパフォー
マンスがあるが，この場合も**図 15.5**のようにワイングラスを叩いて鳴らす音
とグラスを振動させるために吸収させる音の周波数は同じである。

　光は電磁波の一種であるがレーザー光のような形で収束させることができる
物理エネルギーである。光が生体を適度に透過するのならば，体の内部を観測
するためによい物理エネルギーになりうるが，残念ながら光は生体で反射吸収
散乱されやすい。つまり生体を適度に透過させることは難しい。原子が光を吸

ワイングラスから出た音は同じ形
のワイングラスに吸収され，再度
音となって放出される

図 15.5

収するという特性も光を生体計測に利用しにくい特性である。

　しかし，ここに高い磁場を照射すると原子のこの特性が変化する。

　通常，ある周波数で 1 本だけ観測されるはずであるが，高い磁場を環境下で
は原子が放射する光のスペクトルが分裂する。これをゼーマン効果という。分
裂する数や分裂の幅は原子や磁場の強度によって異なる。**図 15.6** のように水
素原子の場合は個々のスペクトルが 3 本に分かれる。

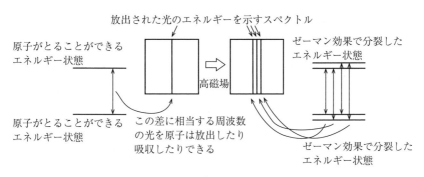

図 15.6

　この現象は，**図 15.7** のように水素原子のエネルギー準位がそれぞれ二つに
分裂することで説明される。

　例えば磁場がない状態でのエネルギー準位が E_n と E_m だとして，$E_m - E_n$ に
相当するスペクトルを示していたとする。磁場環境下でエネルギー準位が E_n

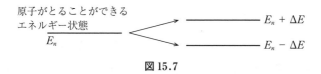

図 15.7

から $E_n - \Delta E$ と $E_n + \Delta E$ の二つに分裂し，E_m は $E_m - \Delta E$ と $E_m + \Delta E$ の二つの
エネルギー準位になったとすると，それぞれの差は

$$(E_m - \Delta E) - (E_n - \Delta E) = E_m - E_n$$

$$(E_m + \Delta E) - (E_n - \Delta E) = E_m - E_n + 2\Delta E$$

$$(E_m - \Delta E) - (E_n + \Delta E) = E_m - E_n - 2\Delta E$$

$$(E_m + \Delta E) - (E_n + \Delta E) = E_m - E_n \tag{15.2}$$

の３種類となる（一番上と一番下の差の大きさは同じ）。つまり $E_m - E_n$ のス
ペクトルを中心とした対称な三つのスペクトルを示すことになる。これによっ
て図 15.6 のような現象が起こるのである。

　ゼーマン効果によって高磁場環境下では原子の持つエネルギー準位が増える
ことで放出するスペクトルが増える。これは原子が吸収・放出する電磁波の種
類が増えることを意味している。上の例でいうとスペクトルが三つになってい
るので元の放出された光に近い周波数の光も吸収できるようになるが，これ以
外にも $E_n - \Delta E$ と $E_n + \Delta E$ の差である $2\Delta E$ 分のエネルギーも吸収すること が
できるようになる。このエネルギーは元の放出された光に比べてとてもエネル
ギーが小さい，つまり周波数が低いので光よりも弱いエネルギーの電磁波を吸
収・放出することができるようになる。水素原子ではこれがラジオ波に相当す
る周波数になる。

15.3　MRI の画像化の原理

　水素原子を強い磁場環境下に置くことでラジオ波を吸収させることができ
る。このエネルギーは原子に吸収されたのち再びラジオ波として放出され水素
原子のエネルギー準位が元に戻る。この現象を核磁気共鳴といい，MRI はこの
現象を利用して生体の像を構築している。

　生体には多くの水素原子が含まれており，生体を強い磁場にさらすことで核
磁気共鳴の現象を観察することができる。この現象は密度当たりの水素原子の
量などによって現象が変化するので，おもに生体における水素原子の密度分布

が得られることになる。これは生体組織によって異なるので生体内部組織の像を得ることと同じである。

　全身を強い磁場にさらし，そこにラジオ波を照射すれば，水素原子密度に従ったラジオ波が得られる。だが，**図 15.8** のように，このままでは全身にラジオ波が吸収されることになるので生体内部の像を構築するためには十分ではない。

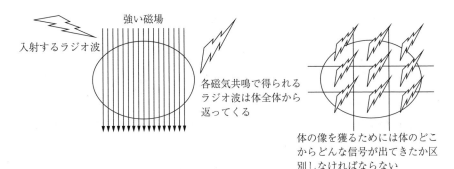

強い磁場

入射するラジオ波

各磁気共鳴で得られる
ラジオ波は体全体から
返ってくる

体の像を獲るためには体のどこ
からどんな信号が出てきたか区
別しなければならない

図 15.8

　このためにゼーマン効果の分裂するスペクトルの幅は磁場強度によって変化する性質を利用する。エネルギー準位の変化 ΔE は磁場強度によって変化する性質があり，水素原子が吸収する電磁波の周波数は磁場強度に比例し，磁束密度 B 中の周波数 v は（磁場強度 H と磁束密度 B の関係は $B=\mu H$）

$$v=\gamma B \tag{15.3}$$

で与えられる。これをラーモア周波数という。吸収・放出する周波数と磁場強度は比例し，比例係数である共鳴周波数 γ は水素原子の場合，42.58 MHz/T となる。つまり，1 〜 10 T の磁場において 43 〜 430 MHz 程度の周波数となり，ラジオ波と呼ばれる電磁波の周波数が水素原子に特異的に吸収される。

　逆にいえばラーモア周波数以外のラジオ波は吸収されないということでもある。そこで生体を強い磁場環境におき，**図 15.9** のようにさらに磁場に傾斜をつける。こうすることで，体のある断面には対応する磁場強度，そして対応するラーモア周波数が決定される。照射するラジオ波をターゲットにしたい断面

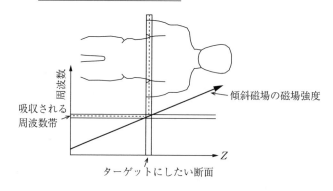

図 15.9

に対応した周波数帯にすることで，体の特定の断面だけラジオ波を吸収させることができる。これによって特定の断面の水素原子を測定のターゲットにすることが可能になる。

　傾斜磁場を使うことで特定の断面の情報を得ることが可能となったが，まだ平面全体の情報であり，その断面の像を描くためには xy 平面の二つの方向で情報が変化するように工夫する必要がある。MRI では吸収された電磁波を放出するときの磁場強度を微妙に変えることで，放出される周波数と位相を変化させることで像を構築するための情報を得ている。

　これを理解するために図 15.10 のような振り子を例に挙げる。

　振り子はそのひもの長さによって振動する周波数が変化する。これが水素原子から放出される電磁波のエネルギーに相当する。つまり周波数を変化させる要因となるひもの長さは MRI では磁場強度に相当する。

　いま止まっている振り子があるとする。この振り子に共振するエネルギー（周波数が合った振動）を加えると振り子はそのエネルギーを吸収し振動した状態になる。これは磁場が照射されている水素原子に電磁波が照射され励起状

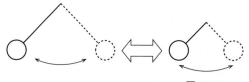

振り子のひもの長さを変えると
周期（周波数）が変化する

図 15.10

態となったことに相当する。

この振り子の振動が放出されるエネルギーなので，このままだと吸収した周波数と同じものが放出される。

このとき，ひもの長さを変えたらどうなるか。振り子は変わったひもの長さに応じて周波数を変えることになる。ひもを少し短くすると，その分だけ振り子の周波数が変化する。その状態でひもの長さを元に戻すと元の周波数で振り子は揺れることになる。当然，振り子のおもりは連続して揺れ続ける。イメージとしてひもの長さよりも重力の変化のほうが磁場の変化と近いのだが，ここでは視覚的にわかりやすくするためにひもの長さを例に挙げた。

エネルギーを吸収した水素原子核も同じように磁場強度を変化させることで，核から放出される電磁波の周波数を変えることができる。共鳴した核は緩和時にラーモア周波数に合った電磁波を放出する。つまり，計測時に磁場強度を大きくすれば高くなった周波数が計測され，途中で一時的に磁場強度を上げればその分位相をずらすことができる。

例えば，図15.11の①，②，③は最初，同じ周波数・同じ位相である。これは同時に励起された水素原子から電磁波が放出された状態を示している。① はずっと同じ磁場強度（磁場±0）であり，計測時の周波数・位相は最初の状態を継続したものとなっている。② は計測時だけ磁場強度を強くしたものである。計測時だけ周波数が高くなっている。③ は途中に一時的に磁場強度

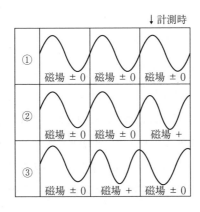

図 15.11

を強くしたものである。磁場強度を強くした個所では電磁波の周波数は増加するが，磁場強度を元に戻せば，位相を維持したまま元の周波数に戻る。このような磁場強度の操作を加えた結果，① と ② は位相が同じだが周波数が異なる電磁波となり，① と ③ は周波数が同じだが位相が異なる電磁波となる。

MRI ではこれを利用して像を構築する。

図 15.9 のように特定の断面の水素原子核に電磁波を吸収させて励起状態にした後，その信号を受信する前に一瞬だけ y 方向に傾斜磁場をかけることで，y 方向から出る電磁波の位相を変化させる。つぎに受信時には x 方向に傾斜磁場をかけることで x 方向によって周波数が異なる信号を得ることができる。**図 15.12** は 3×3 の分割をしたときのイメージである。細かく分割するには傾斜磁場の精度や電磁波の検出精度を上げればよい。この一つひとつの信号強度によって濃淡を変えていけば像を描くことができるのである。

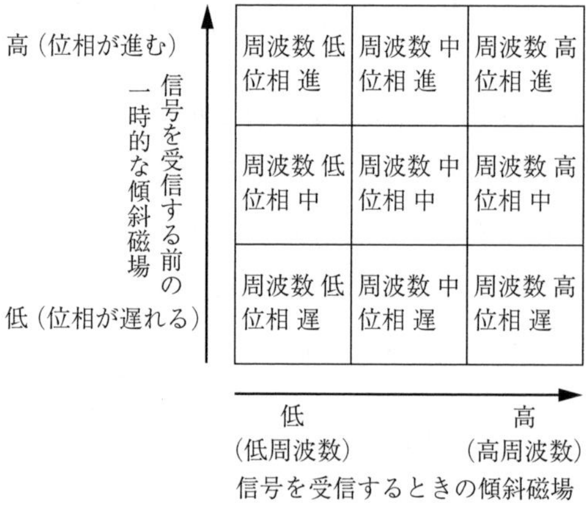

図 15.12　受診時の信号のイメージ

この手法によって，断面の場所によって周波数と位相が異なる信号を発するが，受信する信号はそれらが重ね合わさった信号となる。三角関数を計算するとわかるが，周波数が異なる信号の重ね合わせは 12 章で紹介したフーリエ変換によって分離できるが，周波数が同じで位相が異なる信号の重ね合わせ信号は一つの周波数の信号にしかならない。図のように九つの信号がなければ3×3の画像は構成できないが，同じ周波数でまとまってしまうので**図 15.13** のよ

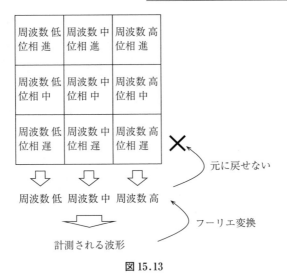

図 15.13

うに三つの信号しか得られないことになる。

　そのため y 方向に情報を分解する処理が必要となる。周波数が異なる信号については 12 章で紹介したフーリエ変換で周波数ごとの信号強度を得ることができる。だが，同じ周波数で位相が重なった信号は分割することができない。同じ周波数の正弦波を重ね合わせると位相や振幅は変わる可能性があるが周波数は変わらないため，位相が異なる信号なのか複数の信号の重ね合わせなのか区別がつかないからである。

　位相が異なる信号を分割するためには位相の変化量を変えて複数回繰り返す必要がある。生体の同じ位置の水素密度は同じはずなので，複数回繰り返しても信号強度は同じになる。つまり振幅が同じ位相が異なる信号の重ね合わせたものが得られる。**図 15.14** のように三角関数があるものの未知の変数 A_1, A_2, A_3 の連立方程式なので，これを解くことで分割した部分ごとの信号強度を得ることが可能となり，二次元の像を描くことができる。

　MRI は核磁気共鳴を利用した画像診断法である。**図 15.15** は装置に入る人と xyz 軸の関係を示したものである。核磁気共鳴を生じさせるために全体に 0.1〜10 数 T 近傍の強い磁場をかける。つぎに z 軸方向に傾斜磁場を印可し，

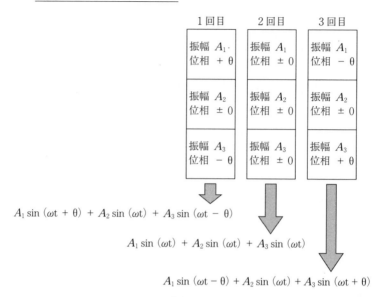

$$A_1 \sin(\omega t + \theta) + A_2 \sin(\omega t) + A_3 \sin(\omega t - \theta)$$

$$A_1 \sin(\omega t) + A_2 \sin(\omega t) + A_3 \sin(\omega t)$$

$$A_1 \sin(\omega t - \theta) + A_2 \sin(\omega t) + A_3 \sin(\omega t + \theta)$$

図 15.14

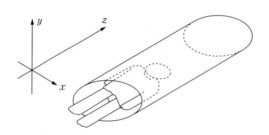

図 15.15

任意の断面のラーモア周波数に適した電磁波を照射する。z 方向に傾斜磁場を
かけることで断面にのみ電磁波のエネルギーが吸収されることになる。吸収さ
れた断面から電磁波が放出される。この放出される信号の強度はエネルギーが
吸収された箇所の水素原子濃度に依存する。信号を検出する前に y 方向に瞬間
的な傾斜磁場をかけ電磁波の位相をずらし，信号検出時に x 方向に傾斜磁場
をかけることで周波数をずらす。**図 15.16** はこの磁場と照射する電磁波，受
信する信号を模式的に描いたものである。この受信工程を複数回繰り返して受
信した信号を処理することで断面の像を得ることができる。これが MRI の像
を描く原理である。

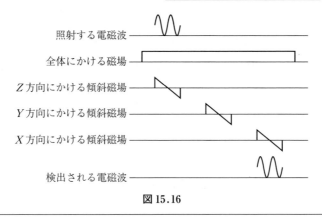

照射する電磁波

全体にかける磁場

Z 方向にかける傾斜磁場

Y 方向にかける傾斜磁場

X 方向にかける傾斜磁場

検出される電磁波

図 15.16

コラム　見えないが強い作用をおよぼす強磁場

【MRI の強磁場と非磁性体】

　MRI が持つ強磁場は，非磁性体にも興味深い影響を及ぼす。例えば，アルミニウム製の1円玉は非磁性体であるにもかかわらず，3T の MRI 磁場中で倒れずに斜めに静止する。この不思議な現象は，MRI が生じる交流磁場が1円玉に誘導電流を発生させ，その渦電流が磁気的なブレーキを生じることにより起こる。詳細についてはレンツの法則を参照してほしい。この現象を利用したものに，列車の渦電流式ディスクブレーキなどがあり，科学の面白さと実用性が交わる瞬間である。YouTube などで "MRI Aluminum" と検索して，その挙動を観察してみることをお勧めする。

【強磁場と医療機器との危険な相互作用】

　MRI は，その磁力に応じて鮮明な画像を生成する。近年では MRI の磁場強度が向上し，3T や7T の MRI が研究や臨床で活用されている。しかし，この強力な磁場は目に見えないため，その影響を予見することは容易ではない。患者が MRI 検査に臨む際には注意が必要だ。誤って磁性体のガスボンベを持ち込んでしまい，MRI とボンベの間に患者が挟まれてしまい死亡する事故が報告されている。また，脳動脈クリップやペースメーカーなどの磁性体が体内に残ったまま MRI を受けた結果，死亡例も報告されている。これらの出来事は，医療従事者が使用する機器がどのような原理で動作しているかを理解する重要性を強調している。

ただし，実際には受信する信号はきれいな正弦波ではなく減衰信号であったり，その減衰量には水素原子密度だけでなく他の分子との相互作用が関わっていたりする。また，高解像度の像を得るためには受信工程の回数を増やす必要があることから計測には多くの時間がかかることになることや水素原子が励起された直後から電磁波が放出されるなどの問題がある。そのため時間短縮や精度を高めるなど実用的な MRI には，なおいくつかの技術的な工夫が必要となる。

章 末 問 題

【15.1】 下記の撮像機器と原理の組み合わせで間違いはどれか。

① レントゲン　放射線　　② 超音波画像　超音波

③ カメラ　可視光線　　　④ MRI　核分裂

⑤ CT スキャン　放射線

【15.2】 原子が励起状態に遷移した後，発する光について正しいものはどれか。

① 原子が発する光は原子によって 1 種類の波長のみである。

② 原子が発する光の波長は与えるエネルギーを変えることによって自由に制御できる。

③ 原子が吸収したエネルギーを増幅しより大きなエネルギーの光を放出する。

④ 光のエネルギーは光の周波数とプランク定数の積である。

⑤ 原子が放つ光は外部からの光の周波数のうちその光だけを反射することによる。

【15.3】 水素の磁気回転比は 42.6 MHz/T である。3 T の磁場中の水素と共鳴する電磁波の周波数はおよそいくらか。

① 64 MHz　　② 80 MHz　　③ 128 MHz　　④ 213 MHz　　⑤ 256 MHz

参 考 文 献

1) 西村生哉：改訂 臨床工学技士のための機械工学，コロナ社（2022）
2) 西村生哉，三田村好矩：臨床工学技士のための生体計測装置学，コロナ社（2017）
3) https://www.feather.co.jp/medical_pdf/feather_surgery140707.pdf
   （2023 年 12 月現在）
4) 三田村好矩，西村生哉，村林　俊：臨床工学技士のための生体物性，コロナ社
   （2012）
5) 小野哲章：クリニカルエンジニアリング 別冊 3，電気メスハンドブック（原理
   から事故対策まで），学研メディカル秀潤社（1993）

章末問題解答

0章

【0.1】 ④ 同じ次元の量は足し算・引き算できるが，異なる次元の量はできない。速度は速度同士，時間は時間同士，距離は距離同士でしか足したり引いたりできない。ここでは ④ の v_1+t_1 および v_2+t_2 が速度と時間の足し算をしているので誤り。⑤ は等式の左右で距離になるので正しい。

【0.2】 ① すべて同じ表示形式に直せばよい。

$1\,\mathrm{m}^2$ $=1\times10^0\,\mathrm{m}^2$

$200\,\mathrm{cm}^2$ $=2\times10^{-2}\,\mathrm{m}^2$

$3\times10^4\,\mathrm{mm}^2$ $=3\times10^{-2}\,\mathrm{m}^2$

$4\times10^{-7}\,\mathrm{km}^2$ $=4\times10^{-1}\,\mathrm{m}^2$

50 億 $\mathrm{\mu m}^2$ $=5\times10^{-3}\,\mathrm{m}^2$

【0.3】 ② 加速度は長さを時間で2回割ったものである。$[\mathrm{L/T/T}]=[\mathrm{L\cdot T^{-2}}]$ ということである。ちなみに ① は時間当たりの質量（例えば質量流量など），③ は力，④ は圧力，⑤ は力のモーメントの次元である。

1章

【1.1】 ① 〔N〕（ニュートン）は SI 組立単位の一つで力を表す。② のパスカルは圧力を，③ は運動量を，④ のジュールはエネルギーを，⑤ のワットは仕事率を表す。

【1.2】 ③ 慣性の法則から静止し続けるには外部からの力が 0 であることが必要。① と ④ は物体の初速がある場合は動き続けるので誤り。② と ⑤ は初めの速度と逆方向の加速（減速）により速さが 0 になる瞬間が存在するので誤り。

【1.3】 ③ スカラー量とは大きさだけを持つ量を指し，ベクトル量とは大きさと方向を持つ量であるので，加速度は速度が変化する方向を持つベクトル量である。

【1.4】 ① 速度とは「大きさ」と「向き」であるので，等速円運動は速度の大きさは一定であるが，円運動しているので「向き」はつねに変化している

【1.5】 ④ 床が人に及ぼす垂直抗力は，人が床に与える重力と同じである。一定速度で運動しているエレベータの加速度は 0 である。重力 F は $F=gm$ で求められるので質量 50 kg の人は 50×9.8 の力で床を押している。

【1.6】 ② 質量 m〔kg〕の物体が半径 r〔m〕の円周上を速度 v〔m/s〕で等速円運動しているとき

角速度 ω〔rad/s〕$=v/r$

加速度 α〔m/s^2〕$=v^2/r=r\omega^2$

遠心力 F 〔N〕 $= mv^2/r = mr\omega^2$

となる。

計算に必要な情報はすべて問題文に書いてあるが，単位に気をつけなければならない。

質量 m 〔kg〕 → 質量 $100\,\text{g}$ → $m = 0.1\,\text{kg}$

半径 r 〔m〕 → $30\,\text{cm}$ → $0.3\,\text{m}$

角速度 ω 〔rad/s〕 → 1 分間に 30 回転 → 1 秒間に 0.5 回転 → 1 秒間に π 〔rad〕

$\quad$ → $\omega = \pi$ 〔rad/s〕

よって F 〔N〕 $= mr\omega^2 = 0.3\,\text{N}$

ちなみに π^2 は $\pi^2 = 10$ と近似して計算すると楽になる。

【1.7】　③　速度についてまとめると，0 秒のとき $0\,\text{m/s}$，2 秒まで $2\,\text{m/s}^2$ で加速するので $4\,\text{m/s}$，5 秒まで同じ速度なので $4\,\text{m/s}$，7 秒には $0\,\text{m/s}$ となり，速度の変化はすべて（速度－時間グラフ上で）直線的に変化する。これをグラフにすると図のようになる。この台形の面積が移動した距離になるので，

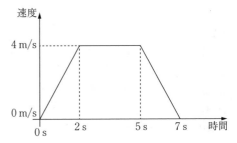

$\quad(7\,\text{s} + 3\,\text{s}) \times 4\,\text{m/s} \div 2 = 20\,\text{m}$

で $20\,\text{m}$ の③が答えとなる。

2 章

【2.1】　④　〔J〕（ジュール）は仕事もしくはエネルギーを表す。基本単位で表現すると〔$\text{kg} \cdot \text{m}^2 \cdot \text{s}^{-2}$〕である。

【2.2】　①　〔W〕（ワット）とは仕事率の単位で 1 秒当たりのエネルギー〔J/s〕を意味する。40 W の蛍光灯を 2 秒間点灯するのに必要なエネルギーとは $40\,\text{W} \times 2\,\text{s} = 80\,\text{J}$ である。1 kg のおもりを h 〔m〕上まで持ち上げるのに必要なエネルギーは $mgh \times 1 \times 9.8 \times h = 9.8\,h\,\text{J}$。この二つが等しいので $h = 8.2\,\text{m}$。

【2.3】　④　二つの物体の運動量の和は保存される。衝突前は $mv_1 + mv_2$，衝突後は $2mv$ であるから，$mv_1 + mv_2 = mv$。よって $v = (v_1 + v_2)/2$。

【2.4】　⑤　前の問題より衝突後の速度 $v = (v_1 + v_2)/2$。運動エネルギーは，衝突前は

$$K = \frac{mv_1^2}{2} + \frac{mv_2^2}{2}$$

衝突後は

$$K' = \frac{2m\left(\dfrac{v_1 + v_2}{2}\right)^2}{2} = \frac{m(v_1 + v_2)^2}{4} = \frac{m}{4}(v_1{}^2 + 2v_1 v_2 + v_2{}^2)$$

その変化は

$$K - K' = \frac{mv_1{}^2}{2} + \frac{mv_2{}^2}{2} - \frac{m}{4}(v_1{}^2 + 2v_1 v_2 + v_2{}^2) = \frac{m}{4}(v_1{}^2 - 2v_1 v_2 + v_2{}^2) = \frac{m(v_1 - v_2)^2}{4}$$

すなわち運動エネルギーは

$$\frac{m(v_1 - v_2)^2}{4}$$

だけ減少する。

【2.5】　⑤　〔Wh〕（ワットアワー，ワット時）はエネルギーの単位で〔W〕×〔h〕（時間）の意味。1 h = 3600 s なので 1 kWh = 1000 Wh = 1000 × 3600 Ws = 3.6 × 10^6 J。

3 章

【3.1】　⑤　10 N ÷ 10 cm^2 = 10 N ÷ (10 × 10^{-4} m^2) = 1 × 10^4 Pa となる。

【3.2】　②　ひずみ = 変化量／元の長さ。つまり，(1.8 m − 1.5 m)/1.5 m = 0.2。

【3.3】　③　長さ当たりの変形量をひずみといい，単位を持たない。

【3.4】　②　フックの法則に当てはめる。F〔N〕$/A$〔m^2〕$= E × \Delta L$〔m〕$/L$〔m〕なので $\Delta L = FL/AE$。

　　100 kg の分銅をつるしたのだから，引っ張る力は $F = mg = 100 × 10 = 1000$ N（g = 9.8 だが g = 10 で計算しても大差ない）。

　　断面積は A = 1 cm^2 = 1 × 10^{-4} m^2。ヤング率は E = 2 × 10^{11} Pa。元の長さは L = 10 m。

　　これらを代入して棒の伸び ΔL = 5 × 10^{-4} m = 0.5 mm。

4 章

【4.1】　②　〔Hz〕（ヘルツ）は SI 組立単位の一つで，時間当たりの回数である 1/s と同じ次元の単位で，おもに周波数に用いられる単位である。

【4.2】　④　ドップラー効果は音だけではなく光にも波全般に起こる物理現象である。

【4.3】　③　波長 = 音速／周波数であるから，波長 = 1500 ／ (3 × 10^6) = 0.5 mm。

【4.4】　③　本問の状況を考えると，

　　観測者は音源から逃げている → 遠ざかろうとしている。

　　音源は観測者を追いかけている → 近づこうとしている。

　　これを踏まえて式を書くと

$$f' = f \times \frac{c - v_o}{c - v_s} = f \times \frac{c - \frac{1}{25}c}{c - \frac{1}{5}c} = f \times \frac{\frac{24}{25}c}{\frac{4}{5}c} = f \times \frac{6}{5}$$

となる。観測者より音源のほうが速いので，結局は近づくことになるが

$$f' = f \times \frac{c + v_o}{c - v_s}$$

とやってしまうと間違ってしまう。

　ちなみに本問での観測者の速度は時速約.49 km，音源の速度は時速約 245 km であり，新幹線が車を追いかけるといった感じである。

5章

【5.1】　③　水の状態（温度など）によって多少異なるが約 1500 m/s で音は伝わる。②は空気中の音速。

【5.2】　①　壁から反射音が 0.1 秒後に聞こえたということは，音源から発せられた音が反射して耳まで進んだ往復距離が 34 m であるということであるから，手元から壁までの距離はその半分の 17 m となる。

【5.3】　①　音波はおもに縦波で伝わる。

【5.4】　③　図[1]のように信号の往復に 160 μs かかっている。ちなみに μs はマイクロ秒，すなわち 10^{-6} 秒。往復の経路長は $1500 \times (160 \times 10^{-6}) = 0.24$ m $= 24$ cm。対象物の深さはその半分の 12 cm である。あわてて 24 cm と答えないように。

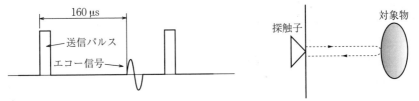

6章

【6.1】　④　周波数は波長に反比例するので，紫外線のほうが周波数は高く波長は短い，赤外線のほうが周波数は低く波長が長い。

【6.2】　⑤　屈折率は無次元単位であるので一部の無次元量は除き単位を付けずに表す。

【6.3】　④　スネルの法則により，屈折率を n_1 の媒質から入射角 α で入射した光が屈折率 n_2 の媒質で屈折角 β となったとき，$n_2/n_1 = \sin\alpha/\sin\beta$ である。ここで空気の屈折率は 1 なので

$$n_2 = \frac{\sin 60°}{\sin 45°} = \frac{\dfrac{\sqrt{3}}{2}}{\dfrac{\sqrt{2}}{2}} = \frac{\sqrt{6}}{2}$$

【6.4】　③　入射角，屈折角の場所を確認しよう。
右図[1] で θ_A が入射角，θ_B が屈折角であり本問で
は $\theta_A = 30°$ である。媒質 A（ガラス）に対する媒
質 B（真空）の屈折率は $\sin\theta_A$／$\sin\theta_B$ で表され
る。本問では真空（媒質 B）に対するガラス（媒
質 A）の屈折率 $\sin\theta_B$／$\sin\theta_A$ が与えられている。

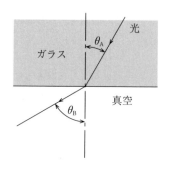

$$\frac{\sin\theta_B}{\sin\theta_A} = \frac{\sin\theta_B}{\sin 30°} = \frac{\sin\theta_B}{1/2} = \sqrt{3}$$

$$\sin\theta_B = \frac{\sqrt{3}}{2} \qquad \therefore\ \theta_B = 60°$$

7 章

【7.1】　④　可視光はおよそ 380 nm から 780 nm の範囲であり，波長が短いほうが青
（紫），長いほうが赤色である。色は連続で変化しているので波長何 nm から赤色と
はっきり定義できるものではないが，この中で適切なのは 700 nm である。③ の
500 nm は緑色，それ以外は知覚されない。

【7.2】　④　透明であるということは人の目で見える可視光を透過させていることを
意味する。これは可視光のエネルギーを吸収しないということでもある。

【7.3】　⑤　入射光強度を I_0，透過光の強度を I，物質の吸収係数を μ_a，物質の厚み
を d とすると $\ln I_0/I = \mu_a d$ である。

　　入射光強度を I_0，はじめの透過光の強度は半分だったので $I_0/2$，厚みを 3 倍にし
た後の透過光強度を I' とすると

$$\ln \frac{I_0}{\dfrac{I_0}{2}} = \frac{1}{3} \ln \frac{I_0}{I'}$$

となるので

$$\ln \frac{I_0}{I'} = 3\ln 2 = \ln 8$$

である。つまり $I_0/I' = 8$ なので，透過光強度は元の光の 1/8 倍の 12.5 % である。

【7.4】　③

①誤り。指とセンサ部の相対位置が変動すると，正確な測定はできない。

② 誤り。血流が低下して脈流成分が低下すると，測定値に影響を与える。

③ 正しい。脈流成分を基に測定しているので，心拍数には影響されない。

④ 誤り。測定には，赤色光と赤外光を使用している。透明なマニキュアもこれら
の光の吸収に影響を与えることがあり，測定誤差の原因になる。

⑤ 誤り。使用している赤色光や赤外光の吸光度に影響を与えるので，測定誤差の
原因となる。

8章

【8.1】　④　充分な時間接触していれば同じ温度になる。しかし，その物質の熱容量
や熱伝導率で移動する熱量が異なるので同じ温度でも感じ方は異なる。つまり答
えは④。

【8.2】　①　選択肢の①～③は温度であるが，シャルルの法則を V/T＝一定と表す
ためには温度が絶対温度でなければならない。例えば T が〔℃〕を単位とする温
度であれば，シャルルの法則の式は $V/(T-273.15)$＝一定，という形になる。

【8.3】　②　水 1 g を温度 1 ℃上昇させる熱量を 1 カロリー〔cal〕という。

【8.4】　③　0 ℃を基準として熱エネルギーを考えるのがよい。10 ℃の水の質量を x
〔g〕とすると問題は図のように表される。

A		B		C
30 ℃ 100 g	＋	10 ℃ x g	＝	15 ℃ $(100＋x)$ g

　　ビーカー A の熱エネルギー＋ビーカー B の熱エネルギー＝ビーカー C の熱エネ
ルギーであるから，これを式で書いて，x について解けばよい。水の比熱は 1 cal/
(g・℃) である。A には 100 g，30 ℃の水が入っているので 0 ℃を基準とした A の
熱エネルギーは 1 cal/ (g・℃) ×30 ℃×100 g＝3000 cal である。同様に B の熱エ
ネルギーは 1×10×x＝10x〔cal〕，C の熱エネルギーは 1×15×$(100＋x)$〔cal〕で
ある。したがってつぎの式が成り立つ。

$$3000＋10x＝15×(100＋x)$$

これを解いて x＝300 g となる。

9章

【9.1】　①　電荷量の単位には〔C〕（クーロン）が使われる。

【9.2】　②　半田ごては電流によって金属の先端部が発熱するが，電気メスはメス先

から生体に流れる電流が細胞を加熱することで作用する。

【9.3】　⑤　回路には $V = RI$ が成り立つため，$V_E = R_1 I + R_2 I$ が正しい。

【9.4】　①　回路の図（a）の C, C′ は AB に対して対象の位置になるので，電流は同じ
ように流れているはずである。つまりこの二点は同じ電位となり，CC′ 間は同電位
であるので電流が流れない。電流が流れないので，この回路は図の（b）ように考
えてよいことになる。つまり R が二つ直列なものが並列になっているので，

$$\frac{1}{\dfrac{1}{R+R} + \dfrac{1}{R+R}} = R$$

となり ① が正解。

　　このような回路をブリッジ回路といい，すべての抵抗が同じでなくてもブリッ
ジ条件を満たせば真ん中の抵抗は考えなくてよい。

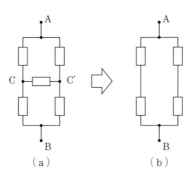

（a）　　　　　　（b）

【9.5】　④　流れた電流を I〔A〕とすると，電圧は $500\,I$〔V〕。電力は電流×電圧で
$500\,I^2$〔W〕。0.5 秒間流れたのだから $500\,I^2 \times 0.5 = 250\,I^2$〔J〕。これを $1.0\,\text{kJ} = 1000\,\text{J}$ に等しいとおけばよい。

【9.6】　⑤　分流抵抗などという言葉に惑わされる必要はない。単なる抵抗である。
A は回路に何の影響も与えずに電流を測定する理想的ディバイスであるが，実際の
電流計には内部抵抗が存在するので問題図のような表現になっている。回路を描
き直せば図のようになり，電圧 E と電流 I を求めれば $E \times I$ で出力電力を求められ
る。抵抗はわずかではあるがコイルの成分を持っており，周波数が高い場合はこ
の影響が無視できなくなる場合がある。そういう余計なことを考えるな，という
のが「無誘導抵抗」という但し書きである。

（1）$10\,\Omega$ の抵抗に $30\,\text{mA}$ の電流が流れているので，かかっている電圧は $10 \times 0.03 = 0.3\,\text{V}$ である。この電圧は並列につながっている $0.5\,\Omega$ にもかかっている。

（2）0.5 Ω の抵抗に 0.3 V の電圧がかかっているので，流れている電流は 0.3/0.5 ＝ 0.6 A である。

（3）全体の電流は I ＝ 0.03 ＋ 0.6 ＝ 0.63 A である。

（4）300 Ω の抵抗に 0.63 A の電流が流れているので，かかっている電圧は 300 × 0.63 ＝ 189 V である。

（5）全体の電圧はは E ＝ 189 ＋ 0.3 ＝ 189.3 V である。

求める出力電力は $E × I$ ＝ 189.3 × 0.63 ＝ 119.259 W となる。

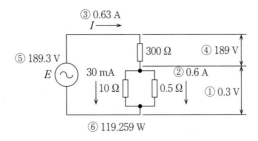

10章

【10.1】　②　電束密度は面積当たりの電束の量。電束の単位は〔C〕（クーロン）で電束密度の単位は〔C/m^2〕になる。

【10.2】　③　電気容量はコンデンサに蓄えられる電荷とコンデンサの両端電圧の比例係数。$Q = CV$ の C のことである。単位は〔F〕（ファラド）が使われる。

【10.3】　⑤　心筋細胞は自分の細胞の周りの電位が変化することをきっかけに自分自身の細胞のチャネルを開いて電位変化を起こす。これがその周囲の細胞の電位変化を促し，心臓全体の収縮を同期させる。

【10.4】　③　電気容量とコンデンサに蓄えられる電荷とコンデンサの両端電圧の関係は $Q = CV$ となる。$Q = 20\,\mu F × 10\,V = 200\,\mu C$

【10.5】　④　コンデンサに蓄えられたエネルギーは $W = 1/2\,CV^2$ で求められるので，$W = 1/2\,CV^2 = 1/2 × 20 × 10^2 = 1000$ となる。

【10.6】　②　電界と電場は同じもの。a は $\vec{F} = Q\vec{E}$ を意味している。e は $W = QV$ を意味している。b は電界（電場）は力ではないので×。c の電界（電場）の単位は〔V/m〕。d の電気力線とは電場の方向と平行な線のことで，等電位線とは垂直になる。

11章

【11.1】　⑤　インピーダンスは複素数であるが，大きさとなるとインピーダンスの絶対値を表す。この値は電圧と電流の比例係数の役割を果たすので，単位として

は〔Ω〕（オーム）を用いる。

【11.2】 ③　コイルのインピーダンスは $j\omega L = \omega L e^{j\frac{\pi}{2}}$，コンデンサのインピーダンスは

$$\frac{1}{j\omega C} = \frac{1}{\omega C} e^{j\left(-\frac{\pi}{2}\right)}$$

である。電圧と電流の関係は $\dot{V} = \dot{Z}\dot{I}$ なので，指数部分の角度が位相のずれになる。つまり，コイルにかかる電圧は電流よりも位相が $\pi/2$ 進み，コンデンサにかかる電圧は電流よりも位相が $\pi/2$ 遅れるので，両者の位相差は π。

【11.3】 ②　単純に足してしまいそうになるが，それでは間違いになる。なぜならば電圧はそれぞれ正弦波形であり，位相のずれが生じるからである。コイルとコンデンサの両端電圧は位相が π だけずれているので，この二つの両端電圧は 3 V となる。この 3 V の電圧は抵抗の電圧と位相が $\pi/2$ だけずれているので，電源電圧（＝抵抗，コイル，コンデンサにかかる電圧）は，$\sqrt{4^2 + 3^2} = 5$ となり，5 V が正解である。この 5 V は各素子の電圧と位相がずれていることに注意が必要。

【11.4】 ③　電気回路における位相とは，繰り返される電圧の 1 周期のうち，時間の流れを考えた項目である。位相が異なれば，電圧と電流が同じでも異なる状態と見なされる。

【11.5】 ④　実効値 100 V に対して，最大電圧は $\sqrt{2}$ 倍になるので，100×1.41 で 141 V となる

【11.6】 ③　最小感知電流値である 1 mA が，マクロショックの安全限界。

12章

【12.1】 ①　遮断周波数は $f = 1/2\pi CR$ で求められる。

$$\frac{1}{2 \times 3.14 \times 1 \times 10^{-6} \times 1 \times 10^3} = 159.2$$

となり，およそ 160 Hz が正解。

【12.2】 ③　重ね合わせの理とは電源を切り離して電流を重ね合わせれば元の電流と同じであるという考え方である。図のように電源を一つずつ切り分けてそれぞれの回路を考える。18 V の電源のみの場合，合成抵抗は $3 + 1/(1/6 + 1/6) = 6$ で 6 kΩ。つまり電源からは 3 mA の電流が流れる。3 mA が 6 kΩ と 6 kΩ に同じ電圧になるように流れるのだから 1.5 mA ずつ流れる。一方 24 V の電源のみで考えると，合成抵抗は $6 + 1/(1/3 + 1/6) = 8$ で 8 kΩ。電源からは 3 mA 流れ，これが 3 kΩ と 6 kΩ に同じ電圧になるように流れるので，2 mA と 1 mA に分かれる。

　　それぞれで，真ん中の 6 kΩ には 1.5 mA，1 mA が下向きに流れるので，18 V，

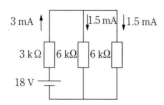

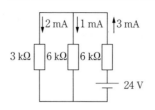

24V が同時に存在したとき，真ん中の $6\,\mathrm{k}\Omega$ には $1.5\,\mathrm{mA}+1\,\mathrm{mA}=2.5\,\mathrm{mA}$ の電流が流れる。

【12.3】　④　RC 直列のフィルタで出力は R である。時定数は $\tau=RC=1\,\mu\mathrm{F}\times1\,\mathrm{M}\Omega$ $=1\,\mathrm{s}$。出力は入力が立ち上がった瞬間が入力と同じ電圧，1秒（時定数）後には 37％まで低下する。ところがこの周期信号の周期は $1\,\mathrm{ms}$ で，$0.5\,\mathrm{ms}$ 後には電圧が切り替わる。$1\,\mathrm{s}$（時定数）後には 37％まで低下するが $0.5\,\mathrm{ms}$ ではそんなに低下することができない。したがって出力はほぼ入力と同じ信号形になる。つぎのように考えてもよい。信号の周期は $1\,\mathrm{ms}$ だから周波数は $f=1000\,\mathrm{Hz}$，角周波数は $\omega=2\pi f=2000\pi\,\mathrm{rad/s}$。コンデンサのインピーダンスは $1/j\omega C$ なので $\omega=2000\pi\,\mathrm{rad/s}$ と $C=1\,\mu\mathrm{F}$ を代入すると約 $160\,\Omega$ になる。一方 R は $1\,\mathrm{M}\Omega$。桁違いに R が大きい。つまり周波数が高いので C は単なる電線状態（抵抗が小さい）になっている。当然，電源電圧はすべて R に表れる。入力信号の形が正弦波ではないのでこの説明は"完全に正しい"わけではないが，当たらずといえども遠からず（というか，かなり近い）と考えてよい。

13 章

【13.1】　②　磁石と板の間に滑り落ちる速度に応じた渦電流が発生する。渦電流のエネルギーは板の電気抵抗に反比例する。銅板のほうが電気抵抗は小さいため，より多くのエネルギーを磁石が落ちようとする運動エネルギーから奪うことになる。よって銅板よりもプラスチック板のほうが早く滑り落ちる。

【13.2】　③　$e=Nd\phi/dt$ の式は磁束の変化が速いほど電圧が大きくなることを意味する。また磁束の変化の向きが逆になるとき，発生する起電力の正負は逆になる。S 極を近づけるときと N 極を遠ざけるのでは磁束の変化は同じ向きなので発生する起電力はマイナス，磁束の変化はゆっくりであるので，$-1\,\mathrm{V}$ より生じる起電力の絶対値は小さくなる。つまり生じる起電力は $-1\,\mathrm{V}\sim0\,\mathrm{V}$ の間とわかる。

【13.3】　④　磁荷は単独では存在せず，必ず正磁荷と負磁荷がセットで存在しており，磁石を切っても切った磁石がそれぞれ N 極と S 極の磁石になるという性質として表れる。

【13.4】　⑤　電流により発生する磁場は電流を中心に同心円状に発生する。電流が平

行に2本存在していると，一方の電流によって生じた磁場ともう一方の電流との間にローレンツ力が発生する。

14章

【14.1】 ④ 質量数が異なる同じ原子番号の原子を互いに同位体という。

【14.2】 ② β崩壊は原子核中の中性子が陽子と電子に分かれ，電子が飛び出すが，中性子が陽子に変わるので，原子番号が変わり質量数は変化しない。

【14.3】 ③ 1グレイは1gではなく1kgの物質に1Jの放射エネルギーが吸収されたときの吸収線量。

【14.4】 ⑤ 放射線が持つエネルギーは分子構造部分に影響を与える。放射線が遺伝子に作用した場合，影響が大きくなるのは作用後の遺伝子が分裂した場合である。それゆえ細胞分裂が活発な組織が放射線の影響を大きく受ける。

15章

【15.1】 ④ MRIは核磁気共鳴（nuclear magnetic resonance, NMR）現象を利用した画像診断技術。

【15.2】 ④ $E = h\nu$（式(15.1)）。① 光の波長は原子のエネルギー状態の差であり，エネルギー状態は無数にある。そのエネルギー準位の差の中である範囲のエネルギーが光となるので1種類というわけではない。② また自由に制御できない。③ 原子が発する光のエネルギーは吸収したエネルギーを超えることはない。⑤ 原子の発光と反射光は別。

【15.3】 ③ 42.6 MHz/T × 3 T = 127.8 MHz ≒ 128 MHz

索　引

―― 著 者 略 歴 ――

髙塚　伸太朗（たかつか　しんたろう）
2001 年　北海道大学工学部システム工学科卒業
2003 年　北海道大学大学院工学研究科修士課程
　　　　修了（システム情報工学専攻）
2007 年　北海道大学大学院工学研究科博士課程
　　　　修了（システム情報工学専攻）
　　　　博士（工学）
　　　　札幌医科大学助教
2017 年　札幌医科大学講師
　　　　現在に至る

西村　生哉（にしむら　いくや）
1985 年　北海道大学工学部精密工学科卒業
1987 年　北海道大学大学院工学研究科修士課程
　　　　修了（精密工学専攻）
　　　　日本電子株式会社入社
1990 年　北海道大学助手
1999 年　博士（工学）（北海道大学）
2007 年　北海道大学大学院助教
　　　　現在に至る

井上　雄介（いのうえ　ゆうすけ）
2007 年　北海道大学大学院情報科学研究科修士課程修了（人間情報科学専攻）
2011 年　東京大学大学院医学系研究科博士課程修了（生体物理医学専攻）
　　　　博士（医学）
2012 年　東京大学大学院工学系研究科特任研究員
2015 年　東北大学加齢医学研究所助教
2020 年　旭川医科大学講師
2021 年　旭川医科大学准教授（兼務：東京大学工学部講師，東北大学加齢医学研究所講師）
　　　　現在に至る

医療従事者のための基礎物理学
Basic Physics for Medical Professionals

Ⓒ Takatsuka, Nishimura, Inoue 2024

2024 年 4 月 26 日　初版第 1 刷発行　　　　　　　　　　　　★

検印省略

著　　者　　髙　塚　伸　太　朗
　　　　　　西　村　生　哉
　　　　　　井　上　雄　介
発　行　者　　株式会社　コ　ロ　ナ　社
　　　　　　代　表　者　牛　来　真　也
印　刷　所　　萩　原　印　刷　株　式　会　社
製　本　所　　有限会社　愛　千　製　本　所

112-0011　東京都文京区千石 4-46-10
発 行 所　株式会社　コ ロ ナ 社
CORONA PUBLISHING CO., LTD.
Tokyo Japan
振替 00140-8-14844・電話(03)3941-3131(代)
ホームページ https://www.coronasha.co.jp

ISBN 978-4-339-06670-8　C3042　Printed in Japan　　　　　　（森岡）